国内外空气质量标准与基准汇编

丁　峰　李时蓓　赵晓宏　武广元　孙学明　等 编译

U0251814

中国环境出版集团·北京

图书在版编目（CIP）数据

国内外空气质量标准与基准汇编/丁峰等编译. —北京：

中国环境出版集团，2020.6

ISBN 978-7-5111-4348-8

Ⅰ．①国…　Ⅱ．①丁…　Ⅲ．①空气质量标准—汇编—

世界　Ⅳ．①X-651

中国版本图书馆 CIP 数据核字（2020）第 087336 号

出 版 人　武德凯
责任编辑　李兰兰
责任校对　任　丽
封面设计　宋　瑞

更多信息，请关注
中国环境出版集团
第一分社

出版发行　中国环境出版集团
　　　　　（100062　北京市东城区广渠门内大街 16 号）
　　　　　网　　　址：http://www.cesp.com.cn
　　　　　电子邮箱：bjgl@cesp.com.cn
　　　　　联系电话：010-67112765（编辑管理部）
　　　　　　　　　　010-67112735（第一分社）
　　　　　发行热线：010-67125803，010-67113405（传真）
印　　刷　北京建宏印刷有限公司
经　　销　各地新华书店
版　　次　2020 年 6 月第 1 版
印　　次　2020 年 6 月第 1 次印刷
开　　本　787×1092　1/16
印　　张　7
字　　数　135 千字
定　　价　49.00 元

前　言

环境质量标准是环境保护工作的核心,而环境空气质量标准又是环境质量标准的重要组成部分,为我国大气污染防治工作的顺利开展提供了强有力的保障。我国环境空气质量标准从 20 世纪 70 年代的起步阶段到 21 世纪的攻坚阶段,经历了 40多年的发展演变,污染物项目、标准形式、浓度阈值、分析方法等都在随着经济结构的调整、污染状况的转变、监测技术的进步和公众环保意识的增强而不断升级和完善。

《环境空气质量标准》(GB 3095—2012)及其修改单、《室内空气质量标准》(GB/T 18883—2002)是我国当前执行的两大主要环境空气质量标准体系,但是其所管控的污染物项目依然有限,不足以完全支撑我国环境空气质量评价和管理工作的需要。鉴于此,本书收录了国内外主要国家和地区的环境空气质量控制项目和浓度阈值,有效弥补了国内部分控制项目环境空气质量标准缺失的现状,对制修订我国环境空气质量标准和开展环境科研、监测、管理和环境质量评价等工作有一定的参考价值。

本书共分为 5 章,主要内容包括国内外主要国家和地区环境空气质量标准控制项目和标准浓度限值、主要国家/组织环境空气质量基准值、多介质环境目标值估算、我国室内空气质量标准、我国厂界环境空气质量标准以及附录。

本书的完成依赖于团队成员的共同努力,是集体智慧的结晶,由生态环境部环境工程评估中心、华测检测认证集团共同编译完成。具体分工如下:第 1 章由丁峰、李时蓓、赵晓宏、易爱华编译;第 2 章由丁峰、武广元、孙学明编译;第 3 章由孙学明、吴晴晴、王勇编译;第 4 章由李时蓓、李飒、孙学明编译;第 5 章由陈陆霞、王勇编译;附录由各位编译者共同完成。本书最后由丁峰、李时蓓、陈陆霞、武广元统稿。

　　本书所收录的内容大部分译自原始文献,为了使本书内容更加充实、完整,我们还引用了一部分国内已翻译出版的国外标准,在此向原编译者表示感谢。

　　限于编译者编译时间和水平,书中不足和疏漏之处在所难免,敬请广大读者批评指正。

编译者

2020 年 5 月

目　录

第 1 章 国内外环境空气质量标准

1.1 主要国家和地区空气质量标准控制项目

国内外环境空气质量标准或基准规定的污染物可分为两大类：一类是自然界普遍存在的污染物，即所有人群都暴露到的污染物，这类污染物包括一氧化碳、二氧化硫、二氧化氮、臭氧、可吸入颗粒物（PM_{10}）、细颗粒物（$PM_{2.5}$）、总悬浮颗粒物（TSP）等，人为活动如工业、交通等可能会增加该类污染物的浓度；另一类是人类活动（如工业生产等）过程排放的有毒有害污染物，如苯系物、卤代烃等挥发性有机物及铅、汞等重金属污染物等。有毒有害污染物主要来自工业排放源，如化工厂、火电厂、炼焦厂、焚烧场、涂装厂等，往往会对污染源周边人群造成健康影响。为保护居民健康不受环境空气污染影响，国内外主要国家和地区都先后发布了环境空气质量标准，控制项目见表 1-1。

表 1-1 国内外环境空气质量标准控制项目

国家/地区	控制项目	标准名称	制修订/发布日期	发布单位
中国	一氧化碳、二氧化硫、二氧化氮、氮氧化物、臭氧、氟化物、PM_{10}、$PM_{2.5}$、TSP、铅、镉、汞、砷、六价铬、苯并[a]芘	《环境空气质量标准》（GB 3095—2012）	2012 年 2 月 29 日发布	环境保护部、国家质量监督检验检疫总局联合发布
中国河北	非甲烷总烃	《环境空气质量 非甲烷总烃限值》（DB 13/1577—2012）	2012 年 7 月 31 日发布	河北省环境保护厅、河北省质量技术监督局联合发布
中国香港	一氧化碳、二氧化硫、二氧化氮、臭氧、PM_{10}、$PM_{2.5}$、铅	《空气污染管制条例》	2013 年 7 月修订	香港特别行政区环境保护署

国家/地区	控制项目	标准名称	制修订/发布日期	发布单位
中国台湾	一氧化碳、二氧化硫、二氧化氮、臭氧、PM$_{10}$、PM$_{2.5}$、TSP、铅	《台湾空气品质标准》	2012年5月14日修订并颁布实施	台湾环境保护部门
美国	一氧化碳、二氧化硫、二氧化氮、臭氧、PM$_{10}$、PM$_{2.5}$、铅	《国家环境空气质量标准》（NAAQS）	2015年10月26日最新修订	美国国家环境保护局（USEPA）
美国加利福尼亚州	一氧化碳、二氧化硫、二氧化氮、臭氧、硫酸盐、硫化氢、PM$_{10}$、PM$_{2.5}$、铅、氯乙烯、能见度	《加利福尼亚环境空气质量标准》（CAAQS）	2008年3月20日修订	加利福尼亚州环保局空气资源管理委员会（ARB）
加拿大阿尔伯塔省	乙醛、乙酸、丙酮、丙烯醛、丙烯酸、丙烯腈、氨、砷、苯、苯并[a]芘、二硫化碳、一氧化碳、氯气、二氧化氯、铬、异丙苯、二甲醚、2-乙基己醇、乙苯、氯甲酸乙酯、乙烯、环氧乙烷、甲醛、正己烷、氯化氢、氟化氢、硫化氢、异丙醇、铅、锰、甲醇、乙胺、萘、镍、二氧化氮、臭氧、PM$_{2.5}$、TSP、五氯酚、苯酚、光气、环氧丙烷、苯乙烯、二氧化硫、硫酸、甲苯、氯乙烯、二甲苯、4,4'-二苯基甲烷二异氰酸酯	《阿尔伯塔空气质量目标和指导值概要》（Alberta Ambient Air Quality Objectives and Guidelines Summary）	2016年6月发布	阿尔伯塔政府
欧盟	一氧化碳、二氧化硫、二氧化氮、臭氧、PM$_{10}$、PM$_{2.5}$、铅、砷、镉、镍、苯、苯并[a]芘	《环境空气中砷、镉、汞、镍和多环芳烃指令》（2004/107/EC）和《关于欧洲空气质量及更加清洁的空气指令》（2008/50/EC）	2004年12月15日和2008年5月21日发布	欧盟委员会（EC）
英国	一氧化碳、二氧化硫、二氧化氮、臭氧、氮氧化物、PM$_{2.5}$、铅、苯、1,3-丁二烯、多环芳烃	《环境保护 空气质量标准法规2010》	2010年3月30日通过立法	英国政府立法委员会（Legislation.gov.UK）

国家/地区	控制项目	标准名称	制修订/发布日期	发布单位
澳大利亚	一氧化碳、二氧化硫、二氧化氮、臭氧、PM_{10}、$PM_{2.5}$、铅	《澳大利亚空气污染物国家标准》	2005 年发布	环境和遗产部（Ministry of Environment and Heritage）
新西兰	一氧化碳、二氧化硫、二氧化氮、臭氧、PM_{10}	《资源管理（环境空气质量国家标准）条例 2004》（SR 2004/309）	2004 年 9 月 4 日发布，2017 年进行重新修订	新西兰立法委
以色列	一氧化碳、二氧化硫、二氧化氮、氮氧化物、臭氧、硫化氢、PM_{10}、$PM_{2.5}$、TSP、降尘、硫酸盐、钒、铅、镉、镍、铬、砷、汞、1,2-二氯乙烷、二氯甲烷、甲苯、四氯乙烯、三氯乙烯、苯乙烯、甲醛、苯并[a]芘、1,3-丁二烯、苯	《清洁空气（空气质量值）条例（暂行）》[Clean Air（Air Quality Values）Regulations（Temporary Provision），5771-2011]	1971 年初次制定，1992 年二次修订，2011 年进行重新修订	以色列环境保护部
日本	一氧化碳、二氧化硫、二氧化氮、PM_{10}、$PM_{2.5}$、光化学氧化剂、苯、三氯乙烯、四氯乙烯、二氯甲烷、二噁英	《环境质量标准-空气质量》	2009 年 9 月 9 日最新修订	日本环境省
韩国	一氧化碳、二氧化硫、二氧化氮、臭氧、PM_{10}、$PM_{2.5}$、铅、苯	《空气质量标准》	—	韩国环境部
新加坡	一氧化碳、二氧化硫、二氧化氮、臭氧、PM_{10}、$PM_{2.5}$	《空气质量和目标》	2011 年 7 月完成	新加坡环境署环境和水资源部（MEWR）
泰国	一氧化碳、二氧化硫、二氧化氮、臭氧、PM_{10}、$PM_{2.5}$、TSP、铅、苯、氯乙烯、1,2-二氯乙烷、三氯乙烯、1,2-二氯丙烷、四氯乙烯、氯仿、1,3-丁二烯	《空气质量标准》	2010 年 3 月 2 日最新公布	泰国国家环保局（National Environmental Board）

上述 16 个国家或地区环境空气质量标准中规定的控制项目共 67 项，其中各标准都包含的项目有 4 项，分别是一氧化碳、二氧化硫、二氧化氮、臭氧，其余 63 项中含重金属 9 项、有机物 39 项。

1.2 中国大陆环境空气质量标准

1.2.1 环境空气质量标准

1982 年，我国首次发布实施《大气环境质量标准》（GB 3095—1982）。该标准主要针对我国煤烟型污染而制定，将我国环境空气质量功能区分为三类，对应控制标准分为三级，规定了总悬浮颗粒物、飘尘、二氧化硫、氮氧化物、一氧化碳、光化学氧化剂共 6 项污染物。1996 年，我国对该标准进行第一次修订，名称改为《环境空气质量标准》（GB 3095—1996）。此次修订增加了二氧化氮、铅、氟化物和苯并[a]芘，污染物项目数扩大到 10 项。2000 年，国家环境保护总局对 GB 3095—1996 进行了局部修改，取消了氮氧化物指标。2012 年，环境保护部对《环境空气质量标准》进行第三次修订，并发布最新的《环境空气质量标准》（GB 3095—2012），增加 $PM_{2.5}$ 和臭氧日最大 8 h 平均浓度限值；调整了 PM_{10}、二氧化氮、铅和苯并[a]芘的浓度限值，同时将环境空气功能区三类区并入二类区。2018 年生态环境部发布《环境空气质量标准》（GB 3095—2012）修改单，将术语和定义中标准状态修改为参比状态，此后部分测定方法、排放标准等文件也进行了相应修改。我国最新的环境空气质量标准控制项目情况见表 1-2 和表 1-3。

表 1-2 环境空气污染物基本项目浓度限值

序号	污染物项目	平均时间	浓度限值		单位	测定方法
			一级	二级		
1	二氧化硫	年平均	20	60	$\mu g/m^3$	《环境空气 二氧化硫的测定 甲醛吸收-副玫瑰苯胺分光光度法》（HJ 482 及修改单）《环境空气 二氧化硫的测定 四氯汞盐吸收-副玫瑰苯胺分光光度法》（HJ 483 及修改单）
		24 h 平均	50	150		
		1 h 平均	150	500		
2	二氧化氮	年平均	40	40		《环境空气 氮氧化物（一氧化氮和二氧化氮）的测度 盐酸萘乙二胺分光光度法》（HJ 479 及修改单）
		24 h 平均	80	80		
		1 h 平均	200	200		

序号	污染物项目	平均时间	浓度限值 一级	浓度限值 二级	单位	测定方法
3	一氧化碳	24 h 平均	4	4	mg/m³	《空气质量　一氧化碳的测定　非分散红外法》（GB 9801）
		1 h 平均	10	10		
4	臭氧	日最大 8 h 平均	100	160	μg/m³	《环境空气　臭氧的测定　靛蓝二磺酸钠分光光度法》（HJ 504 及修改单）
		1 h 平均	160	200		《环境空气　臭氧的测定　紫外光度法》（HJ 590 及修改单）
5	PM₁₀	年平均	40	70		《环境空气　PM₁₀ 和 PM₂.₅ 的测定　重量法》（HJ 618 及修改单）
		24 h 平均	50	150		
6	PM₂.₅	年平均	15	35		《环境空气　PM₁₀ 和 PM₂.₅ 的测定　重量法》（HJ 618 及修改单）
		24 h 平均	35	75		

表 1-3　环境空气污染物其他项目浓度限值

序号	污染物项目	平均时间	浓度限值 一级	浓度限值 二级	单位	测定方法
1	TSP	年平均	80	200	μg/m³	《环境空气　总悬浮颗粒物的测定　重量法》（GB/T 15432 及修改单）
		24 h 平均	120	300		
2	氮氧化物	年平均	50	50		《环境空气　氮氧化物（一氧化氮和二氧化氮）的测度　盐酸萘乙二胺分光光度法》（HJ 479 及修改单）
		24 h 平均	100	100		
		1 h 平均	250	250		
3	铅	年平均	0.5	0.5		《环境空气　铅的测定　石墨炉原子吸收分光光度法》（HJ 539 及修改单）
		季平均	1	1		《环境空气　铅的测定　火焰原子吸收分光光度法》（GB/T 15264 及修改单）
4	苯并[a]芘	年平均	0.001	0.001		《环境空气　苯并[a]芘的测定　高效液相色谱法》（GB/T 15439）
		24 h 平均	0.002 5	0.002 5		

注：①我国环境空气功能区分为二类：一类区为自然保护区、风景名胜区和其他需要特殊保护的区域；二类区为居民区、商业交通居民混合区、文化区、工业区和农村地区。一类区适用一级浓度限值，二类区适用二级浓度限值。
②基本项目（表 1-2）在全国范围内实施；其他项目（表 1-3）由国务院环境保护主管部门或者省级人民政府根据实际情况，确定具体实施方式。

　　依据《环境空气质量标准》（GB 3095）附录 A 的规定，我国针对具有明显地域特征的污染物，各省级人民政府可以针对环境污染的特点，制定相应的环境空气质量标准。具有局地特征的环境空气污染物浓度参考限值见表 1-4。

表1-4 环境空气中镉、汞、砷、六价铬和氟化物参考浓度限值

序号	污染物项目	平均时间	浓度（通量）限值		单位
			一级	二级	
1	镉	年平均	0.005	0.005	
2	汞	年平均	0.05	0.05	
3	砷	年平均	0.006	0.006	μg/m³
4	六价铬	年平均	0.000 025	0.000 025	
5	氟化物	1 h平均	20①	20①	
		24 h平均	7①	7①	
		月平均	1.8②	3.0③	μg/（dm²·d）
		植物生长季平均	1.2②	2.0③	

注：①适用于城市地区；
②适用于牧业区和以牧业为主的半农半牧区、蚕桑区；
③适用于农业和林业区。

1.2.2 其他污染物空气质量浓度参考限值

2018年7月30日，生态环境部发布《环境影响评价技术导则 大气环境》（HJ 2.2—2018）。该导则参考《工业企业设计卫生标准》（TJ 36—79）中其他污染物一次浓度参考标准，并结合《环境空气质量标准》（GB 3095—2012）、《室内空气质量标准》（GB/T 18883—2002）、国内行业及地方发布的厂界标准，以及国际相关污染物的标准限值，汇总提出"其他污染物空气质量浓度参考限值"，具体控制项目见表1-5。

表1-5 其他污染物空气质量浓度参考限值

序号	污染物名称	标准值/（μg/m³）		
		1 h平均	8 h平均	日平均
1	氨	200		
2	苯	110		
3	苯胺	100		30
4	苯乙烯	10		
5	吡啶	80		
6	丙酮	800		
7	丙烯腈	50		

序号	污染物名称	标准值/（μg/m³）		
		1 h 平均	8 h 平均	日平均
8	丙烯醛	100		
9	二甲苯	200		
10	二硫化碳	40		
11	环氧氯丙烷	200		
12	甲苯	200		
13	甲醇	3 000		1 000
14	甲醛	50		
15	硫化氢	10		
16	硫酸	300		100
17	氯	100		30
18	氯丁二烯	100		
19	氯化氢	50		15
20	锰及其化合物（以 MnO₂ 计）			10
21	五氧化二磷	150		50
22	硝基苯	10		
23	乙醛	10		
24	总挥发性有机物（TVOC）		600	

1.2.3　地方环境空气质量标准

2012 年 7 月 31 日，河北省环境保护厅发布《环境空气质量　非甲烷总烃限值》（DB 13/1577—2012），规定了环境空气中非甲烷总烃浓度限值，具体标准见表 1-6。

表 1-6　环境空气中非甲烷总烃浓度限值

污染物项目	平均时间	浓度限值		单位	测定方法
		一级	二级		
非甲烷总烃	1 h 平均	1.0	2.0	mg/m³	《环境空气　总烃、甲烷和非甲烷总烃的测定直接进样-气相色谱法》（HJ 604）

注：一级标准和二级标准分别对应一类环境功能区和二类环境功能区。

1.3 中国香港环境空气质量标准

1983 年，香港特别行政区制定《空气污染管制条例》，条例中规定了 7 项空气质素指标。2007—2009 年，香港特别行政区政府回顾现行标准，并基于世界卫生组织（WHO）最新空气质量准则提出了新修订的《环境空气质素标准草案》，增加了 $PM_{2.5}$ 的标准。2013 年香港特别行政区政府修订《空气污染管制条例》，条例对香港空气质素指标进行了更新，2014 年 1 月 1 日实施。最新香港空气质素指标见表 1-7。

表 1-7　香港空气质素标准污染物浓度限值

序号	污染物项目	平均时间	浓度限值	单位	12 个月允许超标次数
1	二氧化硫	10 min 平均	500		3
		24 h 平均	125		3
2	二氧化氮	1 h 平均	200		18
		年平均	40		不适用
3	一氧化碳	1 h 平均	30 000		0
		8 h 平均	10 000	$\mu g/m^3$	0
4	臭氧	8 h 平均	160		9
5	PM_{10}	24 h 平均	100		9
		年平均	50		不适用
6	$PM_{2.5}$	24 h 平均	75		9
		年平均	35		不适用
7	铅	年平均	0.5		不适用

注：二氧化硫、二氧化氮、臭氧和一氧化碳等空气污染物的浓度，均须以 293 K 为参考温度及 101.325 kPa 为参考压力予以调整。

摘自：《空气质素指标》，http://www.epd.gov.hk/epd/sc_chi/environmentinhk/air/air_ quality_objectives/air_quality_ objectives.html。

1.4　中国台湾环境空气质量标准

1992 年 4 月 10 日，台湾环境保护部门首次公布《台湾空气品质标准》，2012 年对空气品质标准进行修订，并于同年 5 月 14 日发布实施新标准。修订后的《台湾空气品质标准》中各控制指标及其限值见表 1-8。

表 1-8　台湾空气品质标准污染物浓度限值

序号	污染物项目	平均时间	浓度限值	单位
1	二氧化硫	1 h 平均	714	
		日平均	286	
		年平均	86	
2	二氧化氮	1 h 平均	513	
		年平均	103	
3	一氧化碳	1 h 平均	43 750	
		8 h 平均	11 250	
4	臭氧	1 h 平均	257	$\mu g/m^3$
		8 h 平均	129	
5	PM_{10}	日平均或 24 h 值	125	
		年平均	65	
6	$PM_{2.5}$	日平均或 24 h 值	35	
		年平均	15	
7	总悬浮颗粒物	24 h 值	250	
		年几何平均	130	
8	铅	月平均	1.0	

注：①年几何平均指全年中各 24 h 值的几何平均值。
　　②日平均指一日内各小时平均值的算术平均值。
　　③24 h 值指连续采集 24 h 样品，检测所得结果。
摘自：《台湾空气品质标准》，http://taqm.epa.gov.tw/taqm/tw/b0206.aspx。

1.5 美国环境空气质量标准

1.5.1 美国环境空气质量标准（National Ambient Air Quality Standards，NAAQS）

1990 年，美国通过《清洁空气法》修正案，该法案授权美国国家环境保护局制定空气质量标准（NAAQS）。2008 年以来，美国国家环境保护局多次对空气质量标准进行修订。2008 年，美国国家环境保护局对铅限值进行修订，将铅的季均值 1.5 μg/m³ 修订为 3 月滑动均值 0.15 μg/m³；2010 年增加二氧化氮的小时均值 100 ppb[①]，二氧化硫小时均值 75 ppb；2012 年修订 PM_{10} 24 h 均值和 $PM_{2.5}$ 年均值以及 24 h 均值；2015 年臭氧日最大 8 h 均值由 0.075 ppm 修订至 0.070 ppm。美国最新环境空气质量标准见表 1-9。

表 1-9 美国环境空气质量标准限值

序号	污染物项目	平均时间	浓度（通量）限值		说明
			初级（primary）	次级（secondary）	
1	二氧化硫	1 h 平均	75 ppb	—	3 年内每年第 99 百分位的日均值平均值不能超标
		3 h 平均	—	500 ppb	每年不能超标一次
2	二氧化氮	1 h 平均	100 ppb	—	3 年内每年第 98 百分位的日均值平均值不能超标
		年平均	53 ppb	53 ppb	—
3	一氧化碳	1 h 平均	35 ppm	—	每年不得超过 1 次
		8 h 平均	9 ppm	—	
4	臭氧	8 h 平均	0.070 ppm	0.070 ppm	每年第四高的日最大 8 h 均值的 3 年均值不能超标
5	$PM_{2.5}$	24 h 平均	35 μg/m³	35 μg/m³	3 年内每年第 98 百分位的日均值平均值不能超标
		年平均	12 μg/m³	15 μg/m³	3 年内每年年均值不超过标准值
6	PM_{10}	24 h 平均	150 μg/m³	150 μg/m³	平均 3 年内每年不能超标 1 次
7	铅	3 月滑动平均	0.15 μg/m³	0.15 μg/m³	不得超过

注：美国环境空气质量标准分为两级，即初级标准和次级标准。初级标准以保护公众，包括敏感人群如哮喘患者、儿童和老人的身体健康为目的；次级标准以公益保护为目的，包括以减少造成能见度降低的悬浮粒子及对动物、农作物、植被、建筑物的损害为目的。

译自：National Ambient Air Quality Standards，NAAQS，USEPA. https://www.epa.gov/criteria-air-pollutants/naaqs-table。

---

① 本书中 ppb、ppm 为气体污染物体积浓度，具体释义见附录 C。

1.5.2　加利福尼亚州空气质量标准

1969 年，美国加利福尼亚州空气资源管理委员会（Air Resource Board，ARB）制定了该州的环境空气质量标准（CAAQS），并于 2008 年对环境空气质量标准进行更新。最新的标准值见表 1-10。

表 1-10　加利福尼亚州空气质量标准污染物浓度限值

序号	污染物项目	平均时间	浓度限值	单位
1	臭氧	1 h 平均	0.09	ppm
		8 h 平均	0.070	ppm
2	一氧化碳	1 h 平均	20	ppm
		8 h 平均	9	ppm
3	二氧化氮	1 h 平均	0.18	ppm
		年平均	0.030	ppm
4	$PM_{2.5}$	年平均	12	$\mu g/m^3$
5	PM_{10}	24 h 平均	50	$\mu g/m^3$
		年平均	20	$\mu g/m^3$
6	二氧化硫	1 h 平均	0.25	ppm
		24 h 平均	0.04	ppm
7	硫酸盐	24 h 平均	25	$\mu g/m^3$
8	铅	30 d 平均	1.5	$\mu g/m^3$
9	硫化氢	1 h 平均	0.03	ppm
10	氯乙烯	24 h 平均	0.010	ppm
11	能见度	8 h（10:00 至 18:00 PST）	0.23 每千米消光系数，能见度相当于 10 英里	—

注：①加利福尼亚州空气质量标准中的臭氧、一氧化碳、二氧化硫（1 h 和 24 h）、二氧化氮、PM_{10}、能见度降低粒子不允许超过限值，其他因子不得达到或超过限值标准。

②质量浓度指在 1 个标准大气压、25℃条件下。

③PST 指太平洋标准时间，此时区位于格林尼治向西 8 个时区。7:00PST 为北京时间 23:00，但两地的日期是不同的。

④1 英里=1.609 km。

译自：California Ambient Air Quality Standards，Air Resource Broad of California EPA. https：//www.arb.ca.gov/research/aaqs/aaqs2.pdf。

1.6　加拿大阿尔伯塔省空气质量目标值

　　2016 年 6 月，加拿大阿尔伯塔省环境保护部门在阿尔伯塔省《环境保护和提升草案》框架下，发布《阿尔伯塔空气质量目标和指导概要》（*Alberta Ambient Air Quality Objectives and Guidelines Summary*，AEP，Air Policy，2016，No 2），后于 2017 年、2018 年、2019 年分别对其进行了修订，现行有效版本为 2019 年 1 月发布，其中规定的污染因子及其目标值见表 1-11。

表 1-11　加拿大阿尔伯塔省空气污染物目标值

序号	污染物项目	平均时间	目标值	单位
1	乙醛	1 h 平均	90	μg/m³
2	乙酸	1 h 平均	250	μg/m³
3	丙酮	1 h 平均	5 900	μg/m³
4	丙烯醛	1 h 平均	4.5	μg/m³
		24 h 平均	0.40	μg/m³
5	丙烯酸	1 h 平均	60	μg/m³
		年平均	1.0	μg/m³
6	丙烯腈	1 h 平均	43	μg/m³
		年平均	2	μg/m³
7	氨	1 h 平均	1 400	μg/m³
8	砷	1 h 平均	0.1	μg/m³
		年平均	0.01	μg/m³
9	苯	1 h 平均	30	μg/m³
		年平均	3	μg/m³
10	苯并[*a*]芘	年平均	0.30	ng/m³
11	二硫化碳	1 h 平均	30	μg/m³
12	一氧化碳	1 h 平均	15 000	μg/m³
		8 h 平均	6 000	μg/m³
13	氯气	1 h 平均	15	μg/m³
14	二氧化氯	1 h 平均	2.8	μg/m³
15	铬	1 h 平均	1	μg/m³
16	异丙苯	1 h 平均	500	μg/m³
17	二甲醚	1 h 平均	19 100	μg/m³
18	2-乙基己醇	1 h 平均	600	μg/m³
19	乙苯	1 h 平均	2 000	μg/m³
20	氯甲酸乙酯	1 h 平均	0.57	μg/m³

序号	污染物项目	平均时间	目标值	单位
21	乙烯	1 h 平均	1 200	μg/m³
		3 d 平均	45	μg/m³
		年平均	30	μg/m³
22	环氧乙烷	1 h 平均	15	μg/m³
23	甲醛	1 h 平均	65	μg/m³
24	正己烷	1 h 平均	21 000	μg/m³
		24 h 平均	7 000	μg/m³
25	氯化氢	1 h 平均	75	μg/m³
26	氟化氢	1 h 平均	4.9	μg/m³
27	硫化氢	1 h 平均	14	μg/m³
		24 h 平均	4	μg/m³
28	异丙醇	1 h 平均	7 850	μg/m³
29	铅	1 h 平均	1.5	μg/m³
30	锰	1 h 平均	2	μg/m³
		年平均	0.2	μg/m³
31	甲醇	1 h 平均	2 600	μg/m³
32	乙胺	1 h 平均	1.19	μg/m³
33	萘	年平均	3	μg/m³
34	镍	1 h 平均	6	μg/m³
		年平均	0.05	μg/m³
35	二氧化氮	1 h 平均	300	μg/m³
		年平均	45	μg/m³
36	臭氧	日最大小时值	150	μg/m³
37	PM$_{2.5}$	24 h 平均	29	μg/m³
38	TSP	24 h 平均	100	μg/m³
		年平均	60	μg/m³
39	五氯酚	1 h 平均	5.0	μg/m³
		年平均	0.5	μg/m³
40	苯酚	1 h 平均	100	μg/m³
41	光气	1 h 平均	4	μg/m³
42	环氧丙烷	1 h 平均	480	μg/m³
		年平均	30	μg/m³
43	苯乙烯	1 h 平均	215	μg/m³
44	二氧化硫	1 h 平均	450	μg/m³
		24 h 平均	125	μg/m³
		30 d 平均	30	μg/m³
		年平均	20	μg/m³
45	硫酸	1 h 平均	10	μg/m³
46	甲苯	1 h 平均	1 880	μg/m³
		24 h 平均	400	μg/m³
47	氯乙烯	1 h 平均	130	μg/m³
48	二甲苯	1 h 平均	2 300	μg/m³
		24 h 平均	700	μg/m³
49	4,4′-二苯基甲烷二异氰酸酯（CAS：101-68-8）	1 h 平均	0.51	μg/m³

译自：Alberta Ambient Air Quality Objectives and Guidelines Summary. Government of Alberta. AEP，Air Policy，2016，No 2. http：//aep.alberta.ca/air/legislation/ambient-air-quality-objectives/documents/AAQO-Summary-Jun2016.pdf。

1.7 欧盟环境空气质量标准

1999 年，欧盟发布《环境空气中二氧化硫、二氧化氮、氮氧化物、PM₁₀、铅的限值指令》（1999/30/EC），2000 年发布《环境空气中苯和一氧化碳的限值指令》（2004/107/EC），2002 年发布《环境空气中有关臭氧的指令》（2002/3/EC），2004 年发布《环境空气中砷、镉、汞、镍和多环芳烃指令》（2004/107/EC），2008 年发布《关于欧洲空气质量及更加清洁的空气指令》（2008/50/EC）。欧盟最新空气质量标准执行 2004 年和 2008 年颁布的两个指令规定，具体见表 1-12。

表 1-12　欧盟环境空气质量标准污染物浓度限值

序号	污染物项目	平均时间	浓度限值	单位	允许年超标次数
1	$PM_{2.5}$	年平均	25	$\mu g/m^3$	不允许超过
2	二氧化硫	1 h 平均	350	$\mu g/m^3$	24 次
		24 h 平均	125	$\mu g/m^3$	3 次
3	二氧化氮	1 h 平均	200	$\mu g/m^3$	18 次
		年平均	40	$\mu g/m^3$	不允许超过
4	PM_{10}	24 h 平均	50	$\mu g/m^3$	35 次
		年平均	40	$\mu g/m^3$	不允许超过
5	铅	年平均	0.5	$\mu g/m^3$	不允许超过
6	一氧化碳	日最大 8 h 平均	10	mg/m^3	不允许超过
7	苯	年平均	5	$\mu g/m^3$	不允许超过
8	臭氧	日最大 8 h 平均	120	$\mu g/m^3$	3 年内 25 d
9	砷	年平均	6	ng/m^3	不允许超过
10	镉	年平均	5	ng/m^3	不允许超过
11	镍	年平均	20	ng/m^3	不允许超过
12	多环芳烃	年平均	1（以苯并[a]芘计）	ng/m^3	不允许超过

注：多环芳烃成分及毒性当量因子 TEF 值见附录 A。

译自：Air Quality Standards. European Commission. http://ec.europa.eu/environment/air/quality/standards.htm。

1.8 英国环境空气质量标准

2010 年 3 月 25 日，英国政府依据欧盟指令《环境空气中砷、镉、汞、镍和多环芳烃指令》（2004/107/EC）和《关于欧洲空气质量及更加清洁的空气指令》（2008/50/EC），制定本国环境空气质量标准法规《环境保护 空气质量标准法规 2010》，并于 2010 年 6 月 11 日实施，污染物控制标准见表 1-13。

表 1-13 英国环境空气质量标准污染物浓度限值

序号	污染物项目	地区	平均时间	浓度限值	单位	允许年超标次数	说明
1	PM$_{2.5}$	英国	24 h 平均	50	μg/m^3	35	—
		英国	年平均	40	μg/m^3	—	2020 年达到 25 μg/m^3
		苏格兰	24 h 平均	50	μg/m^3	7	—
		苏格兰	年平均	18	μg/m^3	—	2020 年达到 12 μg/m^3
2	二氧化氮	英国	1 h 平均	200	μg/m^3	18	—
		英国	年平均	40	μg/m^3	—	—
3	臭氧	英国	8 h 平均	100	μg/m^3	10	—
4	二氧化硫	英国	15 min 平均	266	μg/m^3	35	—
		英国	1 h 平均	350	μg/m^3	24	—
		英国	24 h 平均	125	μg/m^3	3	—
		英国	年平均	20	μg/m^3	—	—
5	多环芳烃	英国	年平均	0.25	μg/m^3	—	以苯并[a]芘计
6	苯	英国	年平均	16.25	μg/m^3	—	—
		英格兰、威尔士	年平均	5	μg/m^3	—	—
		苏格兰、北爱尔兰	年平均	3.25	μg/m^3	—	—
7	1,3-丁二烯	英国	年平均	2.25	μg/m^3	—	—
8	一氧化碳	英国	8 h 滑动平均	10	mg/m^3	—	—
9	铅	英国	年平均	0.25	μg/m^3	—	—
10	氮氧化物	英国	年平均	30	μg/m^3	—	—

译自：National air quality objectives.UK Department for Environment Food & Rural Affairs and the Devolved Administration. https://uk-air.defra.gov.uk/aqma/。

1.9 澳大利亚环境空气质量标准

1998 年，澳大利亚环境保护委员会（National Environment Protection Council）推动了 6 项污染物质空气质量标准的制定。2005 年，澳大利亚环境和遗产部公布最新空气质量标准（见表 1-14）。

表 1-14 澳大利亚空气质量标准污染物浓度限值

序号	污染物项目	平均时间	浓度限值	单位
1	一氧化碳	8 h 平均	9.0	ppm
2	二氧化氮	1 h 平均	0.12	ppm
		年平均	0.03	ppm
3	臭氧	1 h 平均	0.10	ppm
		4 h 平均	0.08	ppm
4	二氧化硫	1 h 平均	0.20	ppm
		24 h 平均	0.08	ppm
		年平均	0.02	ppm
5	铅	年平均	0.5	$\mu g/m^3$
6	PM_{10}	24 h 平均	50	$\mu g/m^3$
7	$PM_{2.5}$	24 h 平均	25	$\mu g/m^3$
		年平均	8	$\mu g/m^3$

译自：National standards for criteria air pollutants 1 in Australia. Ministry of Environment and Heritage. http: //www. environment.gov.au/protection/publications/factsheet-national-standards-criteria-air-pollutants-australia。

1.10　新西兰环境空气质量标准

2004 年，新西兰立法委发布《环境空气质量国家标准条例 2004》（SR 2004/309），并分别在 2007 年、2008 年、2011 年、2014 年和 2017 年对其进行了修订。最新空气质量标准于 2017 年 7 月 1 日公布实施。主要控制指标见表 1-15。

表 1-15　新西兰环境空气质量标准污染物浓度限值

序号	污染物项目	平均时间	浓度限值	单位	12 个月不允许超标次数	测定方法
1	PM_{10}	24 h 平均	50	$\mu g/m^3$	1	重量法
2	二氧化氮	1 h 平均	200	$\mu g/m^3$	9	化学发光法
3	臭氧	1 h 平均	150	$\mu g/m^3$	不允许超过	直读法
4	二氧化硫	1 h 平均	350	$\mu g/m^3$	9	直读法
		1 h 平均	570	$\mu g/m^3$	不允许超过	
5	一氧化碳	日最大 8 h 平均	10	mg/m^3	1	直读法

译自：Resource Management（National Environmental Standards for Air Quality）Regulations 2004. http：//www.legislation.
govt.nz/regulation/public/2004/0309/10.0/whole.html。

1.11　以色列环境空气质量标准

1992 年，以色列环境保护部门（Israel Ministry of Environmental Protection）基于以色列政府颁布的《污染减排法》（*Abatement of Nuisances Law*，5721-1961）第 5 章和第 18 章要求，公布了《污染减排条例（空气质量）》[*Abatement of Nuisances Regulations*（*air quality*），5752-1992]。该条例取代以色列环保部门 1971 年发布的《污染减排条例（空气质量）》[*Abatement of Nuisances Regulations*（*air quality*），5732-1971]，并规定了 12 种气态污染物、7 种悬浮颗粒物及附着在颗粒物中的污染物和 2 种降尘类污染物限值。2008 年，以色列政府颁布了《清洁空气法》（*Clean Air Law*，5768-2008），基于该法律，以色列环保部门于 2011 发布《清洁空气（空气质量值）条例（暂行）》[*Clean Air*（*Air Quality Values*）*Regulations*（*Temporary Provision*），5771-2011]，条例中规定了空气质量值（ambient values）和空气目标值（target values），空气质量污染物浓度限值见表 1-16。

表 1-16　以色列空气质量标准污染物浓度限值

序号	污染物项目	平均时间	浓度限值	单位	备注
1	臭氧	30 min 平均	230	$\mu g/m^3$	—
		8 h 平均	160	$\mu g/m^3$	—
2	二氧化硫	1 h 平均	350	$\mu g/m^3$	—
		24 h 平均	125	$\mu g/m^3$	—
		年平均	60	$\mu g/m^3$	—
3	1,2-二氯乙烷	年平均	0.38	$\mu g/m^3$	—
4	二氯甲烷	年平均	24	$\mu g/m^3$	—
5	甲苯	24 h 平均	3 770	$\mu g/m^3$	—
		年平均	300	$\mu g/m^3$	—
6	四氯乙烯	年平均	21	$\mu g/m^3$	—
7	三氯乙烯	24 h 平均	1 000	$\mu g/m^3$	—
8	硫化氢	30 min 平均	45	$\mu g/m^3$	—
		24 h 平均	15	$\mu g/m^3$	—
9	苯乙烯	30 min 平均	100	$\mu g/m^3$	—

序号	污染物项目	平均时间	浓度限值	单位	备注
10	甲醛	30 min 平均	100	μg/m³	—
11	一氧化碳	30 min 平均	60 000	μg/m³	—
		8 h 平均	10 000	μg/m³	—
12	氮氧化物	30 min 平均	940	μg/m³	—
		24 h 平均	560	μg/m³	—
13	二氧化氮	1 h 平均	200	μg/m³	—
14	苯并[a]芘	年平均	0.001	μg/m³	粒径小于 10 μm 颗粒物
15	1,3-丁二烯	—	—	μg/m³	可参考以色列制定的目标值
16	苯	年平均	5	μg/m³	—
17	悬浮颗粒物	3 h 平均	300	μg/m³	—
		24 h 平均	200	μg/m³	—
18	PM₁₀	24 h 平均	150	μg/m³	—
		年平均	60	μg/m³	—
19	PM₂.₅	—	—	μg/m³	可参考以色列制定的目标值
20	硫酸盐	24 h 平均	25	μg/m³	悬浮颗粒物中
21	钒	24 h 平均	1	μg/m³	悬浮颗粒物中
22	铅	24 h 平均	2	μg/m³	—
		年平均	0.09	μg/m³	—
23	镉	年平均	0.05	μg/m³	悬浮颗粒物中,粒径小于 10 μm
24	镍	年平均	0.025	μg/m³	悬浮颗粒物中
25	铬	年平均	1.2	μg/m³	悬浮颗粒物中
26	砷	年平均	0.006	μg/m³	悬浮颗粒物中
27	汞	—	—	μg/m³	悬浮颗粒物中
28	降尘	月平均	20	μg/m³	—

注：以色列的空气质量值主要依据其发布的空气目标值，结合经济、社会发展情况而制定。

译自：Clean Air（Air Quality Values） Regulations（Temporary Provision），5771-2011, Israel Ministry of Environmental Protection. http://www.sviva.gov.il/English/Legislation/Pages/PollutionAndNuisances.aspx。

1.12 日本环境空气质量标准

1973 年日本环境省（Ministry of the Environment）公布二氧化硫、一氧化碳、悬浮颗粒物和光化学氧化剂的环境空气控制标准，1978 年公布二氧化氮标准，1997 年增加了苯、三氯乙烯、四氯乙烯标准，1999 年增加了二噁英标准，2001 年增加了二氯甲烷标准，2009 年 9 月 9 日发布 PM$_{2.5}$ 限值标准。日本环境空气质量标准见表 1-17。

表 1-17 日本环境空气质量标准污染物浓度限值

序号	污染物项目	平均时间	浓度限值	单位	12 个月允许超标次数	测定方法
1	二氧化硫	1 h 平均	0.1	ppm	—	电导法或紫外荧光法
		日平均	0.04	ppm	—	
2	一氧化碳	8 h 滑动平均	20	ppm	—	非分散红外法
		日平均	10	ppm	—	
3	悬浮颗粒物	1 h 平均	0.2	mg/m³	—	过滤收集重量法、光散射法或压电天平法、X 射线衰减法
		日平均	0.1	mg/m³	—	
4	PM$_{2.5}$	日平均	35	μg/m³	98%值达标	过滤捕集重量法或具有同等能力的自动测定法
		年平均	15	μg/m³	—	
5	二氧化氮	日平均	0.04～0.06 或低于 0.04	ppm	—	Saltzman 比色法或臭氧化学发光法
6	光化学反应氧化剂	1 h 平均	0.06	ppm	—	中性 KI 溶液吸收-分光光度法、库仑法、紫外吸收光谱法、乙烯-化学发光法
7	苯	年平均	0.003	mg/m³	—	苏玛罐或吸附管采集，气相色谱质谱法或等效方法
8	三氯乙烯	年平均	0.2	mg/m³	—	苏玛罐或吸附管采集，气相色谱质谱法或等效方法
9	四氯乙烯	年平均	0.2	mg/m³	—	苏玛罐或吸附管采集，气相色谱质谱法或等效方法
10	二氯甲烷	年平均	0.15	mg/m³	—	苏玛罐或吸附管采集，气相色谱质谱法或等效方法
11	二噁英及类二噁英 PCBs	年平均	0.6	pg-TEQ/m³	—	高分辨率气相色谱高分辨率质谱法

注：①悬浮颗粒物指直径小于或等于 10 μm 的空气粒子。

②光化学反应氧化剂是光化学反应产生的氧化物质，如臭氧和过氧乙酰硝酸盐（只包括那些能从中性碘化钾中分离出碘的物质，二氧化氮除外）。由于一般情况下，O$_3$ 占光化学氧化剂总量的 90%以上，故常以 O$_3$ 浓度计为总氧化剂的含量。

译自：Environmental Quality Standards in Japan - Air Quality. Ministry of Environmen. http://www.env.go.jp/ en/air/aq/aq.html.

1.13　韩国环境空气质量标准

韩国环境部（Ministry of Environment）在其官方合作网站 Air Korea 公布了最新的环境空气质量标准，并对 8 种污染因子做了限值规定。具体见表 1-18。

表 1-18　韩国空气质量标准

序号	污染物项目	平均时间	浓度限值	单位
1	二氧化硫	1 h 平均	0.15	ppm
		24 h 平均	0.05	ppm
		年平均	0.02	ppm
2	一氧化碳	1 h 平均	25	ppm
		8 h 平均	9	ppm
3	二氧化氮	1 h 平均	0.10	ppm
		24 h 平均	0.06	ppm
		年平均	0.03	ppm
4	PM_{10}	24 h 平均	50	$\mu g/m^3$
		年平均	100	$\mu g/m^3$
5	$PM_{2.5}$	24 h 平均	50	$\mu g/m^3$
		年平均	25	$\mu g/m^3$
6	臭氧	1 h 平均	0.1	ppm
		8 h 平均	0.06	ppm
7	铅	年平均	0.5	$\mu g/m^3$
8	苯	年平均	5	$\mu g/m^3$

译自：Ministry of Environment Republic of Korea，Air Quality Standards. http://www.airkorea.or.kr/eng/information/airQualityStandards。

1.14 泰国空气质量标准

1992 年，泰国政府颁布《国家环境质量提高和保护法案》[*Enhancement and Conservation of National Environmental Quality Act*，B.E.2535（1992）]，之后泰国国家环保局（National Environmental Board）分别于 1995 年、2001 年、2004 年、2007 年、2009 年先后以公报形式发布环境空气质量标准，其中 2007 年专门针对 9 种挥发性有机物（VOCs）限值发布泰国国家环保局第 30 号公报 [No. 30，B.E 2550（2007）]。2010 年发布第 36 号公报 [No. 36，B.E 2553（2010）]，增加了 $PM_{2.5}$ 控制指标，具体见表 1-19。

表 1-19　泰国空气质量标准污染物浓度限值

序号	污染物项目	平均时间	浓度限值	单位
1	一氧化碳	1 h 平均	34.2	mg/m³
		8 h 平均	10.26	mg/m³
2	二氧化氮	1 h 平均	0.32	mg/m³
		年平均	0.057	mg/m³
3	臭氧	1 h 平均	0.20	mg/m³
		8 h 平均	0.14	mg/m³
4	二氧化硫	1 h 平均	780	mg/m³
		24 h 平均	0.30	mg/m³
		年平均	0.10	mg/m³
5	铅	月平均	1.5	μg/m³
6	TSP	24 h 平均	0.33	mg/m³
		年平均	0.10	mg/m³
7	PM_{10}	24 h 平均	0.12	mg/m³
		年平均	0.05	mg/m³
8	$PM_{2.5}$	24 h 平均	0.05	mg/m³
		年平均	0.025	mg/m³
9	苯	年平均	1.7	μg/m³
10	氯乙烯	年平均	10	μg/m³
11	1,2-二氯乙烷	年平均	0.4	μg/m³
12	三氯乙烯	年平均	23	μg/m³
13	二氯甲烷	年平均	22	μg/m³
14	1,2-二氯丙烷	年平均	4	μg/m³
15	四氯乙烯	年平均	200	μg/m³
16	氯仿	年平均	0.43	μg/m³
17	1,3-丁二烯	年平均	0.33	μg/m³

注：挥发性有机物的年均值由 24 h 连续采样结果计算算术平均值，至少一月一次。挥发性有机物浓度计算条件如下：25℃、1 个标准大气压。

译自：Air Quality Standards. National Environmental Board of Thailand. http://www.pcd.go.th。

1.15　新加坡环境空气质量标准

2010 年 7 月，新加坡环境署（National Environmental Agency）成立空气质量建议委员会（Air Quality Advisory Committee），该委员会基于 WHO 空气质量准则值，于 2011 年 7 月提出新加坡 2020 年空气质量目标，主要控制项目见表 1-20。

表 1-20　新加坡空气质量标准

序号	污染物项目	平均时间	2020 年目标值	长期目标值	单位
1	二氧化硫	日平均	50	20	$\mu g/m^3$
		年平均	15	—	$\mu g/m^3$
2	$PM_{2.5}$	日平均	37.5	25	$\mu g/m^3$
		年平均	12	10	$\mu g/m^3$
3	PM_{10}	日平均	50	—	$\mu g/m^3$
		年平均	20	—	$\mu g/m^3$
4	臭氧	8 h 平均	100	—	$\mu g/m^3$
5	二氧化氮	1 h 平均	200	—	$\mu g/m^3$
		年平均	40	—	$\mu g/m^3$
6	一氧化碳	1 h 平均	30	—	mg/m^3
		8 h 平均	10	—	mg/m^3

译自：Air Quality and Targets. Singapore National Environmental Agency. http：//www.nea.gov.sg/anti-pollution-radiation-protection。

1.16 苏联居民区大气中有害物质的最大容许浓度

1971 年，苏联制定了居民区大气中有害物质的最大容许浓度（CH245-71）（见表 1-21）。苏联建工部决定自 1974 年 1 月 16 日起，对"居民区大气中有害物质的最大允许浓度"进行补充（见表 1-22）。

表 1-21 苏联 CH245-71 "居民区大气中有害物质的最大允许浓度"

序号	物质	最大允许浓度/（mg/m³）		序号	物质	最大允许浓度/（mg/m³）	
		最大一次	昼夜平均			最大一次	昼夜平均
1	二氧化氮	0.085	0.085	60	萘	0.003	0.003
2	硝酸：以 HNO₃ 分子计	0.4	0.4	61	硝基苯	0.008	0.008
	以氢离子计	0.006	0.006	62	硝基氯苯（对位和邻位）	—	0.004
3	丙烯醛	0.03	0.03	63	对氯苯胺	0.01	0.01
4	α-甲基苯乙烯	0.04	0.04	64	异氰酸对氯苯酯	0.001 5	0.001 5
5	α-萘醌	0.005	0.005	65	戊烷	100	25
6	醋酸戊酮	0.1	0.1	66	吡啶	0.08	0.08
7	戊酮	1.5	1.5	67	丙烯	3	3
8	氨	0.2	0.2	68	丙烯醇	0.3	0.3
9	苯胺	0.05	0.03	69	无毒粉尘	0.15	0.15
10	乙醛	0.01	0.01	70	金属汞	—	0.000 3
11	丙酮	0.35	0.35	71	烟黑	0.15	0.05
12	苯乙酮	0.003	0.003	72	铅及其化合物（除四乙基铅外，其他以 Pb 计）	—	0.000 7
13	苯	1.5	0.8	73	硫化铅	—	0.001 7
14	汽油（低硫石油气，以 C 计）	5	1.5	74	硫酸，以 H₂SO₄ 分子计	0.3	0.1
15	页岩汽油（以 C 计）	0.05	0.05		以氢离子计	0.006	0.002
16	丁烷	200	—	75	二氧化硫	0.5	0.05
17	醋酸丁酯	0.1	0.1	76	硫化氢	0.008	0.008
18	丁烯	3	3	77	二硫化碳	0.03	0.005
19	丁醇	0.1	—	78	氢氰酸	—	0.01
20	三硫代磷酸三丁酯	0.01	0.01	79	盐酸：以 HCl 分子计	0.2	0.2
21	戊酸	0.03	0.01		以氢离子计	0.006	0.006
22	五氧化二钒	—	0.002	80	苯乙烯	0.003	0.003

序号	物质	最大允许浓度/ (mg/m³)		序号	物质	最大允许浓度/ (mg/m³)	
		最大一次	昼夜平均			最大一次	昼夜平均
23	醋酸乙烯酯	0.15	0.15	81	四氢呋喃	0.2	0.2
24	己二胺	0.001	0.001	82	噻吩	0.6	—
25	六氯苯	0.03	0.03	83	二异氰酸甲苯酯	0.05	0.02
26	丁二烯	3	1	84	甲苯	0.6	0.6
27	二聚乙烯酮	0.007	—	85	三乙胺	0.14	0.14
28	二甲基苯胺	0.005 5	0.005 5	86	三氯乙烯	4	1
29	二甲硫醚	0.03	—	87	一氧化碳	3	1
30	二甲胺	0.005	0.005	88	四氯化碳	4	2
31	二甲二硫醚	0.07	—	89	醋酸	0.2	0.06
32	二甲基甲酰胺	0.03	0.03	90	醋酸酐	0.1	0.03
33	二尼尔	0.01	0.01	91	酚	0.01	0.01
34	二氯乙烷	3	1	92	甲醛	0.035	0.012
35	2,3-二氯-1,4 萘醌	—	0.05	93	磷酸酐	0.15	0.05
36	二乙胺	0.05	0.05	94	邻苯二甲酸酐 （蒸汽、气溶胶）	0.1	0.1
37	异丙苯	0.014	0.014	95	氟化物（以 F 计）：气态氟化物（HF，SiF₄）	0.02	0.005
38	异辛醇	0.15	—		易溶无机氟化物（NaF，Na₂SiF₆）	0.03	0.01
39	异丙苯过酸	0.007	0.007		难溶无机氟化物（AlF₃，Na₃AlF₆，CaF₂）	0.2	0.03
40	异丙醇	0.6	0.6		当气态氟和氟盐共存时	0.03	0.01
41	己内酰胺 （蒸汽，气溶胶）	0.06	0.06	96	糠醛	0.05	0.05
42	己酸	0.01	0.005	97	氯	0.1	0.03
43	四〇四九（碳福斯）	0.015	—	98	氯苯	0.1	0.1
44	二甲苯	0.2	0.2	99	氯丁二烯	0.1	0.1
45	M-81（二甲硫吸磷）	0.001	0.001	100	间氯苯胺	—	0.01
46	马来酐 （蒸汽，气溶胶）	0.2	0.05	101	敌百虫	0.04	0.02
47	锰及其化合物 （以 MnO₂ 计）	—	0.01	102	金霉素（畜用）	0.05	0.05
48	丁酸	0.015	0.01	103	六价铬（以 CrO₃ 计）	0.001 5	0.001 5
49	2,4,6-三甲基苯胺	0.003	0.003	104	环己烷	1.4	1.4
50	甲醇	1	0.5	105	环己酮	0.06	0.06
51	甲基一六〇五	0.008		106	环己醇	0.04	
52	异氰酸间氯苯酯	0.005	0.005	107	环己酮肟	0.1	—
53	丙烯酸甲酯	0.01	0.01	108	环氧氯丙烷	0.2	0.2
54	醋酸甲酯	0.07	0.07	109	乙醇	5	5

序号	物质	最大允许浓度/（mg/m³）		序号	物质	最大允许浓度/（mg/m³）	
		最大一次	昼夜平均			最大一次	昼夜平均
55	甲基硫醇	9×10^{-6}	—	110	醋酸乙酯	0.1	0.1
56	甲基丙烯酸甲酯	0.1	0.1	111	乙基苯	0.02	0.02
57	甲基苯胺	0.04	0.04	112	乙烯	3	3
58	乙胺	0.01	0.01	113	环氧乙烯	0.3	0.03
59	砷（除砷化氢外的无机化合物，以 As 计）	—	0.003	114	环乙亚胺	0.001	0.001

表 1-22　"居民区大气中有害物质的最大允许浓度"补充物质一览表

序号	物质	最大允许浓度/（mg/m³）		序号	物质	最大允许浓度/（mg/m³）	
		最大一次	昼夜平均			最大一次	昼夜平均
1	氟利昂-11	100	10	10	青霉素	0.05	0.002 5
2	氟利昂-12	100	10	11	氧四环素	0.01	—
3	氟利昂-21	100	10	12	四环素	0.01	0.006
4	氟利昂-22	100	10	13	四环素盐酸盐	0.01	—
5	高级脂族胺（C₁₆—C₂₀）	0.003	0.003	14	杰扑来姆	0.002	—
6	敌螨丹	0.2	0.1	15	硫代乙二醇	0.07	0.07
7	三甲基苯酚	0.005	0.005	16	硫化乙烯	0.5	—
8	苯甲酸安替比林	—	0.001	17	β-二乙胺基乙硫醇	0.6	0.6
9	异辛醇	0.15	0.15				

摘自：《国外环境标准选编》，中国标准出版社，1984 年，287-289 页。

第2章 主要国家/组织环境空气质量基准值

2.1 概述

环境质量基准简称环境基准，指环境中污染物对特定保护对象（人或其他生物）不产生不良或有害影响的最大剂量或浓度，是一个基于不同保护对象的多目标函数或一个范围值。环境质量基准是由污染物同特定对象之间的剂量－反应关系确定的。环境基准值可以作为各个国家制定环境质量标准的重要参考，能够有效减少环境保护过程中"过保护"和"欠保护"问题发生。

环境基准主要是通过科学实验和科学判断得出，它强调"以人（生物）为本"及自然和谐的理念，是科学理论上人与自然"希望维持的标准"。因此，环境基准是环境保护工作的"自然控制标准"，也是国家进行环境质量评价、制定环境保护目标与方向的科学依据。例如，大气中二氧化硫年平均浓度超过 $0.115\ mg/m^3$，对人体健康就会产生有害影响，这个浓度值就称为大气中二氧化硫的基准。

我国环境质量基准研究进展缓慢。我国已设立多个项目，开展基于我国区域特征和国情的水环境基准研究，如 973 计划"湖泊水环境基准质量演变与水环境基准研究"，但是大气环境基准研究方面，我国至今未发布环境空气污染物基准，制定环境空气质量标准主要参考国际上的环境空气质量基准研究成果，如世界卫生组织发布的空气质量准则及美国环境空气质量污染物基准的研究成果。总体来说，我国环境基准研究不仅与世界发达国家存在很大的差距，同时也远远满足不了我国环保事业发展的需要。虽然新实施的《环境保护法》初步解决了环境基准研究缺乏法律支撑的局面，但目前仍存在不少难题。例如，环境基准研究缺乏系统性，研究机构授权不明；环境基准尚未有效纳入环境标准体系及环境管理工作当中；环境基准向环境标准转化机制尚处于探索阶段等。

国外组织及部分国家基准研究起步较早，早在 1958 年，世界卫生组织（WHO）已经认识到，空气污染是对全世界人类健康与幸福的一种威胁。在还未进行大量人体暴露危险度评价工作开展之前，WHO 采取的第一个步骤就是汇总情况并向成员国推荐预防和补救措施方案（WHO，1958），在随后的技术报告中，阐述了空气质量准则原则，使测定对人和环境造成影响的空气污染性质和程度成为可能。通过大量的基于污染物质浓度和暴露时间对人体、动物、植物和一般环境的影响研究，于 1987 年出版了《欧洲环境空气质量准则》。WHO 根据 1987 年以后发表的文献，在 1997 年对上述准则进行了修订和更新，并于 2000 年发布了全新的《欧洲环境空气质量准则》。2005 年发布了《欧洲环境空气质量准则》（全球升级版），修订了颗粒物（PM_{10} 和 $PM_{2.5}$）、臭氧、二氧化氮、二氧化硫的环境基准值。

新西兰根据 WHO 发布的空气质量准则以及毒理学研究成果，制定了相应的本国环境空气污染物控制质量基准值。以色列在其发布的《清洁空气（空气质量值）条例（暂行）》中规定了环境空气质量标准值（ambient air quality values），同时该条例中规定了污染物目标值（target values），该目标值定义为：该值一旦被超过，就会对人类的生活、健康和生活质量造成潜在危险和伤害，对包括土壤、水体、动植物群落的环境造成潜在危险。该目标值应该作为整个系统设定目标值的一个基础，因此本书将其归类为环境基准值。

2.2 主要国家或组织环境空气质量基准值控制项目

目前，世界卫生组织、新西兰和以色列等先后发布空气质量准则，具体控制项目见表 2-1。

表 2-1 国外环境空气质量基准值（准则值）

国家/组织	污染物项目	来源
WHO	二氧化硫、二氧化氮、臭氧、PM$_{10}$、PM$_{2.5}$	世界卫生组织《欧洲环境空气质量准则》（全球升级版）（2005）（Air Quality Guidelines Global update 2005）
	一氧化碳、二氧化硫、二氧化氮、臭氧、铅、乙醛、丙酮、丙烯醛、丙烯酸、2-丁基溶纤剂、镉、二硫化碳、四氯甲烷、1,4-二氯苯、二溴乙烷、柴油机尾气、2-乙氧基己醇、2-乙氧基醋酸纤维素、乙苯、氟化物、甲醛、六氯环戊二烯、硫化氢、异佛尔酮、锰、无机汞、2-甲氧基乙醇、溴代甲烷、甲基丙烯酸甲酯、氯苯、1-丙醇、2-丙醇、苯乙烯、四氯乙烯、1,1,1,2-四氯乙烷、甲苯、1,3,5-三氯代苯、1,2,4-三氯代苯、钒、二甲苯、氯仿、甲酚、邻苯二甲酸二丁酯、丙烯腈、砷、苯、苯并[a]芘、双（氯甲基）醚、氯仿、六价铬、1,2-二氯乙烯、吸烟环境、镍、1,1,2,2-四氯乙烷、三氯乙烯、氯乙烯	世界卫生组织《欧洲环境空气质量准则》（第二版）（2000）（Air Quality Guidelines for European, 2ed edition, 2000, WHO）
新西兰	一氧化碳、二氧化氮、二氧化硫、臭氧、硫化氢、铅、苯、PM$_{10}$、1,3-丁二烯、甲醛、乙醛、苯并[a]芘、汞、有机汞、六价铬、铬、无机砷、砷化氢	新西兰环境省《环境空气质量准则》（2002）（Ambient Air Quality Guidelines 2002 update Ministry of Environment）
以色列	臭氧、二氧化硫、1,2-二氯乙烷、二氯甲烷、甲苯、四氯乙烯、三氯乙烯、硫化氢、苯乙烯、甲醛、一氧化碳、氮氧化物、二氧化氮、苯并[a]芘、1,3-丁二烯、苯、悬浮颗粒物、PM$_{10}$、PM$_{2.5}$、硫酸盐、钒、铅、镉、镍、铬、砷、汞、降尘	《清洁空气（空气质量值）条例（暂行）》[Clean Air（Air Quality Values）Regulations（Temporary Provision），5771-2011]

2.3 世界卫生组织环境空气质量基准值（准则值）

1987 年，WHO 发布《欧洲环境空气质量准则》第一版。1997 年，WHO 在瑞士日内瓦召开专家组工作会议，并于 1999 年修订和更新了《欧洲环境空气质量准则》，为欧洲及世界上其他国家和地区制定空气污染控制标准提供了依据，该版规定的污染物基准值见表 2-2。2000 年，WHO 发布《欧洲环境空气质量准则》（第二版），并于 2005 年发布《环境空气质量准则值》（2005 更新版）（*WHO Air quality guidelines*，update 2005）。2005 更新版修订了颗粒物、臭氧、二氧化氮以及二氧化硫基准值，具体见表 2-3。

表 2-2　WHO 环境空气质量基准值（准则值）　　　　　　单位：µg/m³

序号	污染物项目	平均时间	基准值	健康终点
1	一氧化碳	15 min 平均	100 000	血红蛋白携氧能力下降
		30 min 平均	60 000	
		1 h 平均	30 000	
		8 h 平均	10 000	
2	氟化物	年平均	1	影响家畜
3	硫化氢	24 h 平均	150	人类眼睛刺激
		30 min 平均	7	不良气味
4	铅	年平均	0.5	血铅含量升高
5	锰	年平均	0.15	神经中毒效应
6	无机汞	年平均	1	人类肾小管效应
7	钒	24 h 平均	1	呼吸效应
8	甲醛	30 min 平均	100	人类鼻咽刺激
9	乙醛	年平均	50	致癌
10	丙烯醛	30 min 平均	50	人类眼睛刺激
11	丙烯酸	年平均	54	小鼠鼻损伤
12	2-丁基溶纤剂	7 d 平均	13 100	大鼠血中毒
13	二硫化碳	24 h 平均	100	中枢神经系统功能变化
		30 min 平均	20	不良气味
14	甲苯	7 d 平均	260	中枢神经系统效应

序号	污染物项目	平均时间	基准值	健康终点
15	乙苯	年平均	22 000	增加器官重量
16	苯乙烯	7 d 平均	260	人工神经效应
17	二甲苯	年平均	870	大鼠神经中毒
18	氯苯	年平均	500	食物摄入减少，器官重量和损伤增加，血液指标改变
19	1,4-二氯苯	年平均	1 000	器官重量和尿蛋白增加
20	1,3,5-三氯苯	年平均	200	大鼠呼吸上皮细胞转化增生
21	1,2,4-三氯苯	年平均	50	大鼠泌尿卟啉增加
22	二氯甲烷	24 h 平均	3 000	—
23	二溴乙烷	24 h 平均	3 000	形成碳氧血红蛋白
24	四氯甲烷	年平均	6.1	大鼠肾中毒
25	四氯乙烯	24 h 平均	250	人工肾脏效应
26	1,2-二氯乙烷	24 h 平均	700	肝脏损伤
27	甲基丙烯酸甲酯	年平均	200	啮齿类嗅觉上皮退化

摘自：王作元等，《空气质量准则》，人民出版社，2003 年。

表 2-3　WHO 环境空气质量基准值（准则值）（2005 更新版）　　　　单位：$\mu g/m^3$

序号	污染物项目	平均时间	基准值	健康终点
1	二氧化硫	10 min 平均	500	哮喘病人肺功能改变
		24 h 平均	20	敏感个体呼吸症状加剧
2	PM_{10}	24 h 平均	50	呼吸系统和心血管系统损害
		年平均	20	
3	$PM_{2.5}$	24 h 平均	25	呼吸系统和心血管系统损害
		年平均	10	
4	二氧化氮	1 h 平均	200	哮喘病人肺功能轻微改变
		年平均	40	
5	臭氧	8 h 滑动平均	100	呼吸功能反应

摘自：世界卫生组织，《关于颗粒物、臭氧、二氧化氮和二氧化硫的空气质量准则》（2005 更新版）。

2.4 新西兰环境空气质量基准值（准则值）

1994 年，新西兰环境部首次发布《空气质量准则》。2002 年，新西兰环境部和健康部联合发布《空气质量准则》（更新版）（*Ambient Air Quality Guidelines 2002 Update*）。污染物控制项目及其基准值见表 2-4。

表 2-4　新西兰空气污染物基准值（准则值）

序号	污染物项目	平均时间	基准值（准则值）	单位
1	一氧化碳	1 h 平均	30	mg/m³
		8 h 平均	10	mg/m³
2	PM_{10}	24 h 平均	50	μg/m³
		年平均	20	μg/m³
3	二氧化氮	1 h 平均	200	μg/m³
		24 h 平均	100	μg/m³
4	二氧化硫	1 h 平均	350	μg/m³
		24 h 平均	120	μg/m³
5	臭氧	1 h 平均	150	μg/m³
		8 h 平均	100	μg/m³
6	硫化氢	1 h 平均	7	μg/m³
7	铅	3 月滑动平均	0.2	μg/m³
8	苯	年平均	3.6	μg/m³
9	1,3-丁二烯	年平均	2.4	μg/m³
10	甲醛	30 min 平均	100	μg/m³
11	乙醛	年平均	30	μg/m³
12	苯并[a]芘	年平均	0.000 3	μg/m³
13	无机汞	年平均	0.33	μg/m³
14	有机汞	年平均	0.13	μg/m³
15	六价铬	年平均	0.001 1	μg/m³
16	铬和三价铬	年平均	0.11	μg/m³
17	无机砷	年平均	0.005 5	μg/m³
18	砷化氢	年平均	0.055	μg/m³

译自：Ambient Air Quality Guidelines 2002 Update. Air Quality Report No 32. Prepared by the Ministry for the Environment and the Ministry of Health of New Zealand. http://www.mfe.govt.nz。

2.5　以色列环境空气质量基准值（准则值）

2008 年，以色列政府颁布了《清洁空气法》（5768-2008）（*Clean Air Law* 5768-2008），基于该法律，以色列环保部门于 2011 发布《清洁空气（空气质量值）条例（暂行）》[*Clean Air（Air Quality Values）Regulations（Temporary Provision）*，5771-2011]，条例中规定了空气目标值（target values）（见表 2-5）。

表 2-5　以色列环境空气质量基准值（目标值）

序号	污染物项目	平均时间	目标值	单位	备注
1	臭氧	8 h 平均	100	$\mu g/m^3$	—
2	二氧化硫	10 min 平均	500	$\mu g/m^3$	—
		24 h 平均	20	$\mu g/m^3$	—
		年平均	20	$\mu g/m^3$	保护生态系统
3	1,2-二氯乙烷	24 h 平均	1.14	$\mu g/m^3$	—
		年平均	0.38	$\mu g/m^3$	—
4	二氯甲烷	24 h 平均	72	$\mu g/m^3$	—
		年平均	24	$\mu g/m^3$	—
5	甲苯	24 h 平均	3 770	$\mu g/m^3$	—
		年平均	300	$\mu g/m^3$	—
6	四氯乙烯	24 h 平均	63	$\mu g/m^3$	—
		年平均	21	$\mu g/m^3$	—
7	三氯乙烯	24 h 平均	23	$\mu g/m^3$	—
		年平均	7.7	$\mu g/m^3$	—
8	硫化氢	30 min 平均	7	$\mu g/m^3$	—
		年平均	1	$\mu g/m^3$	—
9	苯乙烯	半年平均	100	$\mu g/m^3$	—
		年平均	100	$\mu g/m^3$	—
10	甲醛	24 h 平均	0.8	$\mu g/m^3$	—
		年平均	0.8	$\mu g/m^3$	—
11	一氧化碳	15 min 平均	100 000	$\mu g/m^3$	—
		30 min 平均	60 000	$\mu g/m^3$	—
		1 h 平均	30 000	$\mu g/m^3$	—
		8 h 平均	10 000	$\mu g/m^3$	—

序号	污染物项目	平均时间	目标值	单位	备注
12	氮氧化物	年平均	30	$\mu g/m^3$	保护生态系统
13	二氧化氮	1 h 平均	200	$\mu g/m^3$	—
		年平均	40	$\mu g/m^3$	—
14	苯并[a]芘	24 h 平均	0.000 11	$\mu g/m^3$	悬浮颗粒物中
		年平均	0.000 11	$\mu g/m^3$	
15	1,3-丁二烯	24 h 平均	0.11	$\mu g/m^3$	—
		年平均	0.036	$\mu g/m^3$	—
16	苯	24 h 平均	3.9	$\mu g/m^3$	—
		年平均	1.3	$\mu g/m^3$	—
17	悬浮颗粒物	3 h 平均	300	$\mu g/m^3$	—
		24 h 平均	200	$\mu g/m^3$	—
		年平均	75	$\mu g/m^3$	—
18	PM_{10}	24 h 平均	50	$\mu g/m^3$	—
		年平均	20	$\mu g/m^3$	—
19	$PM_{2.5}$	24 h 平均	25	$\mu g/m^3$	—
		年平均	10	$\mu g/m^3$	—
20	硫酸盐	24 h 平均	25	$\mu g/m^3$	悬浮颗粒物中
21	钒	24 h 平均	0.8	$\mu g/m^3$	悬浮颗粒物中
		年平均	0.1	$\mu g/m^3$	
22	铅	24 h 平均	2	$\mu g/m^3$	悬浮颗粒物中
		年平均	0.09	$\mu g/m^3$	
23	镉	24 h 平均	0.005	$\mu g/m^3$	悬浮颗粒物中，粒径小于 10 μm
		年平均	0.005	$\mu g/m^3$	
24	镍	24 h 平均	0.025	$\mu g/m^3$	悬浮颗粒物中
		年平均	0.025	$\mu g/m^3$	
25	铬	1 h 平均	10	$\mu g/m^3$	悬浮颗粒物中
		年平均	1.2	$\mu g/m^3$	
26	砷	24 h 平均	0.002	$\mu g/m^3$	悬浮颗粒物中
		年平均	0.002	$\mu g/m^3$	
27	汞	1 h 平均	1.8	$\mu g/m^3$	悬浮颗粒物中
		年平均	0.3	$\mu g/m^3$	
28	降尘	月平均	20	$\mu g/m^3$	保护生态系统

译自：Clean Air（Air Quality Values）Regulations（Temporary Provision），5771-2011，Israel Ministry of Environmental Protection. http://www.sviva.gov.il/English/Legislation/Pages/PollutionAndNuisances.aspx。

第 3 章　多介质环境目标值估算

3.1　概述

多介质环境目标值（Multimedia Environmental Goals，MEG）是美国国家环境保护局工业环境实验室推算出的化学物质或其降解产物在环境介质中的含量及排放量的限定值，化学物质的量不超过 MEG 时，不会对周围人群及生态系统产生有害影响。MEG 包括周围环境目标值（Ambient MEG，AMEG）和排放环境目标值（Discharge MEG，DMEG）。AMEG 表示化学物质在环境介质中可以容许的最大浓度，估计生物体与这种浓度的化学物质终生接触都不会受其有害影响。DMEG 是指生物体与排放流短期接触时，排放流中的化学物质最高可允许浓度。

美国国家环境保护局于 1977 年公布了该局工业环境实验室用模式推算出来的 600 多种化学物质在各种环境介质（空气、水、土壤）中的限定值。又于 1980 年对其进行了增补，并建议将其作为环境评价的依据值。这些限定值被称为多介质环境目标值。所有目标值都是在最基本的毒性数据基础上，以统一模式推算的，系统性和可比性较好。因而，多介质环境目标值虽然不具法律效力，却可以作为环境评价的依据。目前，它已在美国环境影响评价中广泛应用。2010 年，我国在《环境影响评价技术导则　农药建设项目》（HJ 582—2010）中，针对农药排放特征污染物采用了该方法进行评价。

3.2 AMEG 计算方法

AMEG 的估算模式分为两种：利用阈限值或推荐值进行计算；利用大鼠急性经口半数致死量（LD_{50}）为依据进行估算。

（1）利用阈限值（Threshold Limit Values，TLVs）进行 $AMEG_{AH}$ 估算，$AMEG_{AH}$ 单位为 μg/m³，公式如下：

$$AMEG_{AH}=TLVs\times10^3/420 \tag{3-1}$$

式中：$AMEG_{AH}$ —— 环境空气目标值（相当于居住区空气中日平均最高容许浓度），μg/m³；

TLVs —— 美国政府工业卫生学家会议（ACGIH）制定的车间空气容许浓度，即每周工作 5 d，每天工作 8 h 条件下，成年工人可以耐受的化学物质在空气中的时间加权平均浓度，相当于我国的时间加权平均容许浓度（PC-TWA）。

（2）利用大鼠急性经口半数致死量（LD_{50}）估算化学物质的 $AMEG_{AH}$ 值，$AMEG_{AH}$ 的单位为 μg/m³，公式如下：

$$AMEG_{AH}=0.107\times LD_{50} \tag{3-2}$$

式中：$AMEG_{AH}$ —— 环境空气目标值（相当于居住区空气中日平均最高容许浓度），μg/m³；

LD_{50} —— 大鼠经口给毒的半数致死剂量。

3.3 阈限值的选择

美国阈限值的选择来源主要依据美国工业卫生医师协会（ACGIH）发布的化学物质阈限值（TLVs）名单。我国卫生部 2007 年发布的《工作场所有害因素职业接触限值》中污染物质时间加权平均容许浓度（PC-TWA）同美国阈限值定义一致，因此本书以该接触限值作为对污染物进行 AMEG 计算时的参考。

2007 年，我国卫生部发布《工作场所有害因素职业接触限值 第 1 部分：化学有害因素》（GBZ 2.1—2007），该标准规定了 339 种常见化学有害因素职业接触限值。该职业限值包含：时间加权平均容许浓度（PC-TWA）、短时间接触容许浓度（PC-STEL）、最高容许浓度（MAC）三类。具体名录及限值见附录 B。

美国工业卫生协会定期对阈限值进行修订和颁布，2010 年阈限值见附录 B 附表 B-2 美国工业卫生医师协会（ACGIH）2010 年化学物质阈限值（TLVs）名单。

3.4　大鼠经口吸入半数致死量

LD_{50} 是半数致死剂量，指使实验动物一次染毒后，在 14 d 内有半数实验动物死亡所使用的毒物剂量。半数致死量在国外有较为全面翔实的数据，目前主要参考美国药典（US national library of medicine）等相关数据。具体参见 http：//toxnet.nlm.nih.gov/cgi-bin/sis/search2。

第 4 章　我国室内空气质量标准

4.1　中国大陆室内空气质量控制标准

2002 年 11 月，卫生部发布《室内空气质量标准》（GB/T 18883—2002），控制项目包含物理、化学、生物和放射性 4 大类别共计 19 个指标，其中化学性指标共 13 个（见表 4-1）。

表 4-1　中国大陆室内空气质量标准化学有害因素

序号	污染物项目	平均时间	浓度限值	单位	测定方法
1	二氧化硫	1 h 平均	0.50	mg/m³	《居住区大气中二氧化硫卫生检验标准方法　甲醛溶液吸收-盐酸副玫瑰苯胺分光光度法》（GB/T 16128） 《环境空气　二氧化硫的测定　甲醛吸收-副玫瑰苯胺分光光度法》（HJ 482 及修改单）
2	二氧化氮	1 h 平均	0.24	mg/m³	《居住区大气中二氧化氮检验标准方法　改进的 Saltzman 法》（GB 12372） 《环境空气　二氧化氮的测定　Saltzman 法》（GB/T 15435）
3	一氧化碳	1 h 平均	10	mg/m³	《空气质量　一氧化碳的测定　非分散红外法》（GB 9801） 《公共场所卫生检验方法　第 2 部分：化学污染物》（GB/T 18204.2）
4	二氧化碳	日平均	0.1	%	《公共场所卫生检验方法　第 2 部分：化学污染物》（GB/T 18204.2）

序号	污染物项目	平均时间	浓度限值	单位	测定方法
5	氨	1 h 平均	0.20	mg/m³	《公共场所卫生检验方法　第 2 部分：化学污染物》（GB/T 18204.2） 《环境空气和废气　氨的测定　纳氏试剂分光光度法》（HJ 533） 《环境空气　氨的测定　次氯酸钠-水杨酸分光光度法》（HJ 534） 《空气质量　氨的测定　离子选择电极法》（GB/T 14669）
6	臭氧	1 h 平均	0.16	mg/m³	《环境空气　臭氧的测定　靛蓝二磺酸钠分光光度法》（HJ 504 及修改单） 《环境空气　臭氧的测定　紫外光度法》（HJ 590 及修改单） 《公共场所卫生检验方法　第 2 部分：化学污染物》（GB/T 18204.2）
7	甲醛	1 h 平均	0.10	mg/m³	《公共场所卫生检验方法　第 2 部分：化学污染物》（GB/T 18204.2） 《居住区大气中甲醛卫生检验标准方法　分光光度法》（GB/T 16129） 《空气质量 甲醛的测定　乙酰丙酮分光光度法》（GB/T 15516）
8	苯	1 h 平均	0.11	mg/m³	《室内空气质量标准》（GB/T 18883 附录 B） 《居住区大气中苯、甲苯和二甲苯卫生检验标准方法　气相色谱法》（GB 11737）
9	甲苯	1 h 平均	0.20	mg/m³	《居住区大气中苯、甲苯和二甲苯卫生检验标准方法　气相色谱法》（GB 11737）
10	二甲苯	1 h 平均	0.20	mg/m³	《环境空气　苯系物的测定　固体吸附/热脱附-气相色谱法》（HJ 583）
11	苯并[a]芘	日平均	1.0	ng/m³	《环境空气　苯并[a]芘的测定　高效液相色谱法》（GB/T 15439）
12	可吸入颗粒物（PM₁₀）	日平均	0.15	mg/m³	《室内空气中可吸入颗粒物卫生标准》（GB/T 17095）
13	总挥发性有机物（TVOC）	8 h 平均	0.60	mg/m³	《室内空气质量标准》（GB/T 18883 附录 C）

注：①最终浓度需要折算为在标准状况下的浓度，标准状况压力为 101.3 kPa，温度为 273 K。

②TVOC 指利用 Tenax TA 或 Tenax GC 采样，非极性色谱柱（极性指数小于 10）进行分析，保留时间在正己烷和正十六烷之间的挥发性有机物。

4.2 中国香港室内空气质量标准

2003 年 9 月，香港特别行政区政府室内空气质素管理小组制定并发布《办公室及公众场所室内空气质素管理指引》，指引中规定控制项目包含物理、化学、生物和放射性 4 大类别共计 22 个指标，其中化学性指标共 17 个。化学性指标详细情况见表 4-2。

表 4-2　中国香港室内空气质量标准化学有害因素

序号	污染物项目	平均时间	浓度限值		单位
			卓越级	良好级	
1	二氧化碳	8 h 平均	800	1 000	ppm
2	一氧化碳	8 h 平均	2 000	10 000	$\mu g/m^3$
3	PM_{10}	8 h 平均	20	180	$\mu g/m^3$
4	二氧化氮	8 h 平均	40	150	$\mu g/m^3$
5	臭氧	8 h 平均	50	120	$\mu g/m^3$
6	甲醛	8 h 平均	30	100	$\mu g/m^3$
7	TVOC	8 h 平均	200	600	$\mu g/m^3$
8	苯	8 h 平均	—	16.1	$\mu g/m^3$
9	四氯化碳	8 h 平均	—	103	$\mu g/m^3$
10	三氯甲烷	8 h 平均	—	163	$\mu g/m^3$
11	1,2-二氯苯	8 h 平均	—	500	$\mu g/m^3$
12	1,4-二氯苯	8 h 平均	—	200	$\mu g/m^3$
13	乙苯	8 h 平均		1 447	$\mu g/m^3$
14	四氯乙烯	8 h 平均		250	$\mu g/m^3$
15	甲苯	8 h 平均		1 092	$\mu g/m^3$
16	三氯乙烯	8 h 平均		770	$\mu g/m^3$
17	二甲苯	8 h 平均		1 447	$\mu g/m^3$

摘自：《办公室及公众场所室内空气质素管理指引》，香港室内空气质素管理小组，2003 年，http://www.iaq.gov.hk。

4.3　中国台湾室内空气质量标准

2012 年 11 月，台湾行政部门发布《室内空气品质标准》，标准中规定了 7 种化学类污染物质（见表 4-3）。

表 4-3　中国台湾室内空气品质标准

序号	污染物项目	平均时间	浓度限值	单位
1	二氧化碳	8 h 平均	1 000	ppm
2	一氧化碳	—	9	ppm
3	PM_{10}	24 h 平均	75	$\mu g/m^3$
4	$PM_{2.5}$	24 h 平均	35	$\mu g/m^3$
5	臭氧	8 h 平均	0.06	ppm
6	甲醛	1 h 平均	0.08	ppm
7	TVOC	1 h 平均	0.56	ppm

注：TVOC 指 12 种挥发性有机物浓度之和，包括苯、四氯化碳、三氯甲烷、1,2-二氯苯、1,4-二氯苯、二氯甲烷、乙苯、苯乙烯、四氯乙烯、三氯乙烯、甲苯、二甲苯（对二甲苯、间二甲苯、邻二甲苯）。

资料来源：http：//ivy5.epa.gov.tw/epalaw/search/LordiDispFull.aspx？ltype=20&lname=0030。

第5章　我国厂界环境空气质量标准

5.1　我国环保部门发布的排放标准

截至 2017 年年底，我国环保部门先后发布 41 个大气相关污染物排放标准，其中包含 3 个综合排放标准和 38 个行业排放标准，其中 34 个排放标准中规定了厂界环境空气污染物控制项目及排放浓度限值。各排放标准具体控制项目见表 5-1。

表 5-1　我国厂界无组织环境空气污染物控制标准

序号	标准名称	标准号	发布时间	实施时间	发布单位	控制项目
1	烧碱、聚氯乙烯工业污染物排放标准	GB 15581—2016	2016-08-22	2016-09-01	环境保护部 国家质量监督检验检疫总局	氯气、氯化氢、汞及其化合物、氯乙烯、二氯乙烷
2	无机化学工业污染物排放标准	GB 31573—2015	2015-04-16	2015-07-01	环境保护部 国家质量监督检验检疫总局	硫化氢、硫酸雾、氯气、氯化氢、氟化物、铬酸雾、氰化氢、氨、砷及其化合物、铅及其化合物、汞及其化合物、锑及其化合物、镍及其化合物、镉及其化合物、锰及其化合物、钴及其化合物、铊及其化合物、钼及其化合物
3	石油化学工业污染物排放标准	GB 31571—2015	2015-04-16	2015-07-01	环境保护部 国家质量监督检验检疫总局	颗粒物、氯化氢、苯并[a]芘、苯、甲苯、二甲苯、非甲烷总烃
4	石油炼制工业污染物排放标准	GB 31570—2015	2015-04-16	2015-07-01	环境保护部 国家质量监督检验检疫总局	颗粒物、氯化氢、苯并[a]芘、苯、甲苯、二甲苯、非甲烷总烃

序号	标准名称	标准号	发布时间	实施时间	发布单位	控制项目
5	再生铜、铝、铅、锌工业污染物排放标准	GB 31574—2015	2015-04-16	2015-07-01	环境保护部 国家质量监督 检验检疫总局	硫酸雾、氟化物、氯化氢、砷及其化合物、铅及其化合物、锡及其化合物、锑及其化合物、镉及其化合物、铬及其化合物
6	合成树脂工业污染物排放标准	GB 31572—2015	2015-04-16	2015-07-01	环境保护部 国家质量监督 检验检疫总局	颗粒物、氯化氢、苯、甲苯、非甲烷总烃
7	锡、锑、汞工业污染物排放标准	GB 30770—2014	2014-05-16	2014-07-01	环境保护部 国家质量监督 检验检疫总局	硫酸雾、氟化物、锡及其化合物、锑及其化合物、汞及其化合物、镉及其化合物、铅及其化合物、砷及其化合物
8	电池工业污染物排放标准	GB 30484—2013	2013-12-27	2014-03-01	环境保护部 国家质量监督 检验检疫总局	硫酸雾、铅及其化合物、汞及其化合物、镉及其化合物、镍及其化合物、沥青烟、氟化物、氯化氢、氯气、氮氧化物、颗粒物、非甲烷总烃
9	水泥工业大气污染物排放标准	GB 4915—2013	2013-12-27	2014-03-01	环境保护部 国家质量监督 检验检疫总局	颗粒物、氨
10	砖瓦工业大气污染物排放标准	GB 29620—2013	2013-09-17	2014-01-01	环境保护部 国家质量监督 检验检疫总局	总悬浮颗粒物、二氧化硫、氟化物
11	电子玻璃工业大气污染物排放标准	GB 29495—2013	2013-03-14	2013-07-01	环境保护部 国家质量监督 检验检疫总局	颗粒物、铅及其化合物、砷及其化合物
12	炼焦化学工业污染物排放标准	GB 16171—2012	2012-06-27	2012-10-01	环境保护部 国家质量监督 检验检疫总局	颗粒物、二氧化硫、苯并[a]芘、氰化氢、苯、酚类、硫化氢、氨、苯可溶物、氮氧化物
13	铁合金工业污染物排放标准	GB 28666—2012	2012-06-27	2012-10-01	环境保护部 国家质量监督 检验检疫总局	颗粒物、铬及其化合物
14	铁矿采选工业污染物排放标准	GB 28661—2012	2012-06-27	2012-10-01	环境保护部 国家质量监督 检验检疫总局	颗粒物
15	轧钢工业大气污染物排放标准	GB 28665—2012	2012-06-27	2012-10-01	环境保护部 国家质量监督 检验检疫总局	颗粒物、硫酸雾、氯化氢、硝酸雾、苯、甲苯、二甲苯、非甲烷总烃
16	炼钢工业大气污染物排放标准	GB 28664—2012	2012-06-27	2012-10-01	环境保护部 国家质量监督 检验检疫总局	颗粒物

序号	标准名称	标准号	发布时间	实施时间	发布单位	控制项目
17	炼铁工业大气污染物排放标准	GB 28663—2012	2012-06-27	2012-10-01	环境保护部国家质量监督检验检疫总局	颗粒物
18	钢铁烧结、球团工业大气污染物排放标准	GB 28662—2012	2012-06-27	2012-10-01	环境保护部国家质量监督检验检疫总局	颗粒物
19	橡胶制品工业污染物排放标准	GB 27632—2011	2011-10-27	2012-01-01	环境保护部国家质量监督检验检疫总局	颗粒物、甲苯、二甲苯、非甲烷总烃
20	平板玻璃工业大气污染物排放标准	GB 26453—2011	2011-04-02	2011-10-01	环境保护部国家质量监督检验检疫总局	颗粒物
21	钒工业污染物排放标准	GB 26452—2011	2011-04-02	2011-10-01	环境保护部国家质量监督检验检疫总局	二氧化硫、颗粒物、氯化氢、硫酸雾、氯气、铅及其化合物
22	硫酸工业污染物排放标准	GB 26132—2010	2010-12-30	2011-03-01	环境保护部国家质量监督检验检疫总局	二氧化硫、硫酸雾、颗粒物
23	稀土工业污染物排放标准	GB 26451—2011	2011-01-24	2011-10-01	环境保护部国家质量监督检验检疫总局	二氧化硫、硫酸雾、颗粒物、氟化物、氯气、氯化氢、氮氧化物、钍、铀总量
24	硝酸工业污染物排放标准	GB 26131—2010	2010-12-30	2011-03-01	环境保护部国家质量监督检验检疫总局	氮氧化物
25	镁、钛工业污染物排放标准	GB 25468—2010	2010-09-27	2010-10-01	环境保护部国家质量监督检验检疫总局	二氧化硫、颗粒物、氯气、氯化氢
26	铜、镍、钴工业污染物排放标准	GB 25467—2010	2010-09-27	2010-10-01	环境保护部国家质量监督检验检疫总局	二氧化硫、颗粒物、硫酸雾、氯气、氯化氢、砷及其化合物、镍及其化合物、铅及其化合物、氟化物、汞及其化合物
27	铅、锌工业污染物排放标准	GB 25466—2010	2010-09-27	2010-10-01	环境保护部国家质量监督检验检疫总局	二氧化硫、颗粒物、硫酸雾、铅及其化合物、汞及其化合物
28	铝工业污染物排放标准	GB 25465—2010	2010-09-27	2010-10-01	环境保护部国家质量监督检验检疫总局	二氧化硫、颗粒物、氟化物、苯并[a]芘
29	陶瓷工业污染物排放标准	GB 25464—2010	2010-09-27	2010-10-01	环境保护部国家质量监督检验检疫总局	颗粒物
30	合成革与人造革工业污染物排放标准	GB 21902—2008	2008-06-25	2008-08-01	环境保护部国家质量监督检验检疫总局	二甲基甲酰胺、苯、甲苯、二甲苯、VOCs、颗粒物

序号	标准名称	标准号	发布时间	实施时间	发布单位	控制项目
31	煤炭工业污染物排放标准	GB 20426—2006	2006-09-01	2006-10-01	国家环境保护总局 国家质量监督检验检疫总局	颗粒物、二氧化硫
32	大气污染物综合排放标准	GB 16297—1996	1996-04-12	1997-01-01	国家环境保护局	二氧化硫、氮氧化物、颗粒物、氟化氢、铬酸雾、硫酸雾、氟化物、氯气、铅、汞、镉、铍、镍、锡等及其化合物、苯、甲苯、二甲苯、酚类、甲醛、乙醛、丙烯腈、丙烯醛、氯化氢、甲醇、苯胺类、氯苯类、硝基苯类、氯乙烯、苯并[a]芘、光气、非甲烷总烃等
33	工业炉窑大气污染物排放标准	GB 9078—1996	1996-03-07	1997-01-01	国家环境保护局	烟（粉）尘
34	恶臭污染物排放标准	GB 14554—1993	1993-08-06	1994-01-15	国家环境保护局 国家技术监督局	氨、三甲胺、硫化氢、甲硫醇、甲硫醚、二甲二硫、二硫化碳、苯乙烯、臭气浓度

除国家发布的多项污染物排放标准外，为保护当地环境，部分地方政府也先后发布了多项污染物排放标准。本节以北京、广东、天津、上海、江苏 5 个省级政府发布的排放标准为例，说明我国地方厂界无组织排放标准制定情况。上述 5 个省级政府发布的环境空气污染物控制标准见表 5-2。

表 5-2　北京等 5 个省（市）厂界无组织环境空气污染物控制标准

序号	标准名称	标准号	发布时间	实施时间	发布单位	控制项目
1	大气污染物综合排放标准	DB 11/501—2007	2007-10-31	2008-01-01	北京市环境保护局 北京市质量技术监督局	苯并[a]芘、铍、汞、铅、砷、镉、镍、锡及其化合物、铬酸雾、砷化氢、磷化氢、光气、氰化氢、氟化物、氯气、硫化氢、硫酸雾、硝酸雾、磷酸雾、氯化氢、氨、二硫化碳、氮氧化物、一氧化碳、二氧化硫、环氧乙烷、1,3-丁二烯、1,2-二氯乙烷、丙烯腈、氯乙烯、硝基苯类、丙烯醛、甲醛、乙醛、酚类、苯胺类、氯甲烷、苯、甲苯、二甲苯、氯苯类、甲醇、非甲烷总烃

序号	标准名称	标准号	发布时间	实施时间	发布单位	控制项目
2	印刷行业挥发性有机化合物排放标准	DB 44/815—2010	2010-10-22	2010-11-01	广东省环境保护厅 广东省质量技术监督局	苯、甲苯、二甲苯、TVOCs
3	表面涂装（汽车制造业）挥发性有机化合物排放标准	DB 44/816—2010	2010-10-22	2010-11-01	广东省环境保护厅 广东省质量技术监督局	苯、甲苯、二甲苯、三甲苯、TVOCs
4	工业企业挥发性有机物排放控制标准	DB 12/524—2014	2014-07-31	2014-08-01	天津市环境保护局 天津市市场和质量监督管理委员会	苯、甲苯、二甲苯、VOCs
5	大气污染物综合排放标准	DB 31/933—2015	2015-11-30	2015-12-01	上海市环境保护局 上海市质量技术监督局	非甲烷总烃、颗粒物（石棉纤维及粉尘、沥青烟、炭黑尘、染料尘、颜料尘、其他颗粒物）、氯化氢、苯、二甲苯、苯系物、苯并[a]芘、铬酸雾、光气、氰化氢、氟化物、氯气、硫酸雾、汞及其化合物、铅及其化合物、锡及其化合物、镉及其化合物、镍及其化合物、铍及其化合物、锰及其化合物、硝基苯类、氯苯类、乙酸乙酯、乙酸丁酯、乙酸乙烯酯、丙烯酸、丙烯酸甲酯、氯甲烷、二氯甲烷、三氯甲烷、环氧乙烷、甲醛、酚类、苯胺类、甲醇、甲基丙烯酸甲酯、甲基异丁基酮、环己酮、三氯乙烯、乙腈
6	表面涂装（汽车制造业）挥发性有机化合物排放标准	DB 32/2862—2016	2016-01-01	2016-02-01	江苏省环境保护厅 江苏省质量技术监督局	苯、甲苯、二甲苯、苯系物、VOCs

5.2　厂界无组织废气控制项目及排放限值

国家发布的 34 项和 5 个地方发布的 6 项涉及厂界无组织控制的标准中，污染物涵盖了氯气、氯化氢、硫化氢等共 67 种污染物。各污染物厂界无组织排放标准限值及推荐分析方法见表 5-3。

表 5-3　无组织环境空气污染物限值及推荐分析方法

序号	控制项目	标准号	排放标准名称	浓度限值/（mg/m³）	推荐方法
1	氯气	GB 15581—2016	烧碱、聚氯乙烯工业污染物排放标准	0.1	《固定污染源排气中氯气的测定　甲基橙分光光度法》（HJ/T 30）
		GB 31573—2015	无机化学工业污染物排放标准	0.1	
		GB 30484—2013	电池工业污染物排放标准	0.02	
		GB 26452—2011	钒工业污染物排放标准	0.02	
		GB 26451—2011	稀土工业污染物排放标准	0.4	
		GB 25468—2010	镁、钛工业污染物排放标准	0.02	
		GB 25467—2010	铜、镍、钴工业污染物排放标准	0.02	
		DB 11/501—2017	大气污染物综合排放标准（北京）	0.02	
		DB 31/933—2015	大气污染物综合排放标准（上海）	0.1	
		GB 16297—1996	大气污染物综合排放标准	0.4	
2	氯化氢	GB 15581—2016	烧碱、聚氯乙烯工业污染物排放标准	0.2	《固定污染源排气中氯化氢的测定　硫氰酸汞分光光度法》（HJ/T 27）《环境空气和废气　氯化氢的测定　离子色谱法》（HJ 549）
		GB 31571—2015	石油化学工业污染物排放标准	0.2	
		GB 31573—2015	无机化学工业污染物排放标准	0.05	
		GB 31570—2015	石油炼制工业污染物排放标准	0.2	
		GB 31574—2015	再生铜、铝、铅、锌工业污染物排放标准	0.2	
		GB 31572—2015	合成树脂工业污染物排放标准	0.2	
		GB 30484—2013	电池工业污染物排放标准	0.15	
		GB 25467—2010	铜、镍、钴工业污染物排放标准	0.15	
		GB 28665—2012	轧钢工业大气污染物排放标准	0.2	
		GB 26452—2011	钒工业污染物排放标准	0.15	
		GB 26451—2011	稀土工业污染物排放标准	0.2	
		GB 25468—2010	镁、钛工业污染物排放标准	0.15	
		DB 11/501—2017	大气污染物综合排放标准（北京）	0.01	
		DB 31/933—2015	大气污染物综合排放标准（上海）	0.15	
		GB 16297—1996	大气污染物综合排放标准	0.024	

序号	控制项目	标准号	排放标准名称	浓度限值/(mg/m³)	推荐方法
3	硫化氢	GB 16171—2012	炼焦化学工业污染物排放标准	0.01	《空气质量 硫化氢、甲硫醇、甲硫醚和二甲二硫的测定 气相色谱法》（GB/T 14678）《空气和废气监测分析方法》（第四版增补版）亚甲基蓝分光光度法*
		GB 31573—2015	无机化学工业污染物排放标准	0.03	
		GB 14554—1993	恶臭污染物排放标准	一级 0.03	
		DB 11/501—2017	大气污染物综合排放标准（北京）	0.01	
4	硫酸雾	GB 31573—2015	无机化学工业污染物排放标准	0.3	《固定污染源废气 硫酸雾的测定 离子色谱法》（HJ 544）
		GB 31574—2015	再生铜、铝、铅、锌工业污染物排放标准	0.3	
		GB 30770—2014	锡、锑、汞工业污染物排放标准	0.3	
		GB 30484—2013	电池工业污染物排放标准	0.3	
		GB 28665—2012	轧钢工业大气污染物排放标准	1.2	
		GB 26452—2011	钒工业污染物排放标准	0.3	
		GB 26132—2010	硫酸工业污染物排放标准	0.3	
		GB 26451—2011	稀土工业污染物排放标准	1.2	
		GB 25467—2010	铜、镍、钴工业污染物排放标准	0.3	
		GB 25466—2010	铅、锌工业污染物排放标准	0.3	
		DB 11/501—2017	大气污染物综合排放标准（北京）	0.3	
		DB 31/933—2015	大气污染物综合排放标准（上海）	0.3	
		GB 16297—1996	大气污染物综合排放标准	1.2	
5	氟化物	GB 31573—2015	无机化学工业污染物排放标准	0.02	《环境空气 氟化物的测定 滤膜采样氟离子选择电极法》（HJ 480）
		GB 31574—2015	再生铜、铝、铅、锌工业污染物排放标准	0.02	
		GB 30770—2014	锡、锑、汞工业污染物排放标准	0.02	
		GB 30484—2013	电池工业污染物排放标准	0.02	
		GB 29620—2013	砖瓦工业大气污染物排放标准	0.02	
		GB 26451—2011	稀土工业污染物排放标准	0.02	
		DB 31/933—2015	大气污染物综合排放标准（上海）	0.02	
		GB 25467—2010	铜、镍、钴工业污染物排放标准	0.02	
		GB 25465—2010	铝工业污染物排放标准	0.02	
		DB 11/501—2017	大气污染物综合排放标准（北京）	0.02	
		GB 16297—1996	大气污染物综合排放标准	0.02	
6	铬酸雾	GB 31573—2015	无机化学工业污染物排放标准	0.006	《固定污染源排气中铬酸雾的测定 二苯碳酰二肼分光光度法》（HJ/T 29）
		DB 11/501—2017	大气污染物综合排放标准（北京）	0.001 5	
		DB 31/933—2015	大气污染物综合排放标准（上海）	0.002	
		GB 16297—1996	大气污染物综合排放标准	0.006	
7	氰化氢	GB 31573—2015	无机化学工业污染物排放标准	0.002 4	《固定污染源排气中氰化氢的测定 异烟酸-吡唑啉酮分光光度法》（HJ/T 28）
		GB 16171—2012	炼焦化学工业污染物排放标准	0.024	
		DB 11/501—2017	大气污染物综合排放标准（北京）	0.002 4	
		DB 31/933—2015	大气污染物综合排放标准（上海）	0.024	

序号	控制项目	标准号	排放标准名称	浓度限值/（mg/m³）	推荐方法
8	氨	GB 31573—2015	无机化学工业污染物排放标准	0.3	《环境空气和废气　氨的测定　纳氏试剂分光光度法》（HJ 533）《环境空气　氨的测定　次氯酸钠-水杨酸分光光度法》（HJ 534）
		GB 14554—1993	恶臭污染物排放标准	1	
		DB 11/501—2017	大气污染物综合排放标准（北京）	0.2	
		GB 4915—2013	水泥工业大气污染物排放标准	1	
		GB 16171—2012	炼焦化学工业污染物排放标准	0.2	
9	氮氧化物	GB 30484—2013	电池工业污染物排放标准	0.12	《环境空气　氮氧化物（一氧化氮和二氧化氮）的测定　盐酸萘乙二胺分光光度法》（HJ 479）
		GB 16171—2012	炼焦化学工业污染物排放标准	0.25	
		GB 26451—2011	稀土工业污染物排放标准	0.12	
		GB 26131—2010	硝酸工业污染物排放标准	0.24	
		DB 11/501—2017	大气污染物综合排放标准（北京）	0.12	
		GB 16297—1996	大气污染物综合排放标准	0.12	
10	二氧化硫	GB 29620—2013	砖瓦工业大气污染物排放标准	0.5	《环境空气　二氧化硫的测定　甲醛吸收-副玫瑰苯胺分光光度法》（HJ 482）《环境空气　二氧化硫的测定　四氯汞盐吸收-副玫瑰苯胺分光光度法》（HJ 483）
		GB 16171—2012	炼焦化学工业污染物排放标准	0.5	
		GB 26452—2011	钒工业污染物排放标准	0.3	
		GB 26132—2010	硫酸工业污染物排放标准	0.5	
		GB 26451—2011	稀土工业污染物排放标准	0.4	
		GB 25468—2010	镁、钛工业污染物排放标准	0.5	
		GB 25467—2010	铜、镍、钴工业污染物排放标准	0.5	
		GB 25466—2010	铅、锌工业污染物排放标准	0.5	
		GB 25465—2010	铝工业污染物排放标准	0.5	
		DB 11/501—2017	大气污染物综合排放标准（北京）	0.4	
11	硝酸雾	GB 28665—2012	轧钢工业大气污染物排放标准	0.12	—
12	臭气浓度	GB 14554—1993	恶臭污染物排放标准	一级 10（量纲一）	《空气质量　恶臭的测定　三点比较式臭袋法》（GB/T 14675）
13	光气	DB 11/501—2007	大气污染物综合排放标准（北京）	0.02	《固定污染源排气中光气的测定　苯胺紫外分光光度法》（HJ/T 31）
		DB 31/933—2015	大气污染物综合排放标准（上海）	0.02	
		GB 16297—1996	大气污染物综合排放标准	0.08	
		DB 11/501—2017	大气污染物综合排放标准（北京）	0.02	
14	二硫化碳	DB 11/501—2007	大气污染物综合排放标准（北京）	0.04	《空气质量　二硫化碳的测定　二乙胺分光光度法》（GB/T 14680）《环境空气　挥发性有机物的测定罐采样/气相色谱-质谱法》（HJ 759）
15	一氧化碳	DB 11/501—2017	大气污染物综合排放标准（北京）	3.0	《空气质量　一氧化碳的测定　非分散红外法》（GB 9801）

序号	控制项目	标准号	排放标准名称	浓度限值/（mg/m³）	推荐方法
16	氟化氢	GB 16297—1996	大气污染物综合排放标准	0.2	《固定污染源废气 氟化氢的测定 离子色谱法（暂行）》（HJ 688）
17	汞及其化合物	GB 15581—2016	烧碱、聚氯乙烯工业污染物排放标准	0.000 3	《环境空气 汞的测定 巯基棉富集-冷原子荧光分光光度法（暂行）》（HJ 542）
		GB 31573—2015	无机化学工业污染物排放标准	0.000 3	
		GB 30770—2014	锡、锑、汞工业污染物排放标准	0.000 3	
		GB 30484—2013	电池工业污染物排放标准	0.000 05	
		GB 25467—2010	铜、镍、钴工业污染物排放标准	0.001 2	
		GB 25466—2010	铅、锌工业污染物排放标准	0.000 3	
		DB 11/501—2017	大气污染物综合排放标准（北京）	0.000 05	
		DB 31/933—2015	大气污染物综合排放标准（上海）	0.000 3	
		GB 16297—1996	大气污染物综合排放标准	0.001 2	
18	砷及其化合物	GB 31573—2015	无机化学工业污染物排放标准	0.001	《环境空气和废气 砷的测定 二乙基二硫代氨基甲酸银分光光度法》（HJ 540）《空气和废气 颗粒物等金属元素的测定 电感耦合等离子体质谱法》（HJ 657）
		GB 31574—2015	再生铜、铝、铅、锌工业污染物排放标准	0.01	
		GB 30770—2014	锡、锑、汞工业污染物排放标准	0.003	
		DB 11/501—2017	大气污染物综合排放标准（北京）	0.001	
		GB 29495—2013	电子玻璃工业大气污染物排放标准	0.003	
		GB 25467—2010	铜、镍、钴工业污染物排放标准	0.01	
19	铅及其化合物	GB 31573—2015	无机化学工业污染物排放标准	0.006	《环境空气 铅的测定 火焰原子吸收分光光度法》（GB/T 15264）《空气和废气 颗粒物中铅等金属元素的测定 电感耦合等离子体质谱法》（HJ 657）
		GB 31574—2015	再生铜、铝、铅、锌工业污染物排放标准	0.006	
		GB 30770—2014	锡、锑、汞工业污染物排放标准	0.006	
		GB 29495—2013	电子玻璃工业大气污染物排放标准	0.006	
		GB 30484—2013	电池工业污染物排放标准	0.001	
		GB 26452—2011	钒工业污染物排放标准	0.006	
		GB 25467—2010	铜、镍、钴工业污染物排放标准	0.006	
		GB 25466—2010	铅、锌工业污染物排放标准	0.006	
		DB 11/501—2017	大气污染物综合排放标准（北京）	0.000 7	
		DB 31/933—2015	大气污染物综合排放标准（上海）		
		GB 16297—1996	大气污染物综合排放标准	0.006	
20	锑及其化合物	GB 31573—2015	无机化学工业污染物排放标准	0.01	《空气和废气 颗粒物中铅等金属元素的测定 电感耦合等离子体质谱法》（HJ 657）
		GB 31574—2015	再生铜、铝、铅、锌工业污染物排放标准	0.01	
		GB 30770—2014	锡、锑、汞工业污染物排放标准	0.01	
		DB 11/501—2017	大气污染物综合排放标准（北京）	0.01	

序号	控制项目	标准号	排放标准名称	浓度限值/（mg/m³）	推荐方法
21	镍及其化合物	GB 31573—2015	无机化学工业污染物排放标准	0.02	《大气固定污染源　镍的测定　石墨炉原子吸收分光光度法》（HJ/T 63.2）《空气和废气　颗粒物中铅等金属元素的测定　电感耦合等离子体质谱法》（HJ 657）
		GB 30484—2013	电池工业污染物排放标准	0.02	
		GB 25467—2010	铜、镍、钴工业污染物排放标准	0.04	
		DB 11/501—2017	大气污染物综合排放标准（北京）	0.02	
		DB 31/933—2015	大气污染物综合排放标准（上海）	0.03	
		GB 16297—1996	大气污染物综合排放标准	0.04	
22	镉及其化合物	GB 31573—2015	无机化学工业污染物排放标准	0.001	《大气固定污染源　镉的测定　石墨炉原子吸收分光光度法》（HJ/T 64.2）《空气和废气　颗粒物中铅等金属元素的测定　电感耦合等离子体质谱法》（HJ 657）
		GB 31574—2015	再生铜、铝、铅、锌工业污染物排放标准	0.000 2	
		GB 30770—2014	锡、锑、汞工业污染物排放标准	0.000 2	
		GB 30484—2013	电池工业污染物排放标准	0.000 005	
		DB 11/501—2017	大气污染物综合排放标准（北京）	0.000 005	
		DB 31/933—2015	大气污染物综合排放标准（上海）	0.01	
		GB 16297—1996	大气污染物综合排放标准	0.04	
23	锰及其化合物	GB 31573—2015	无机化学工业污染物排放标准	0.015	《空气和废气　颗粒物中铅等金属元素的测定　电感耦合等离子体质谱法》（HJ 657）
		DB 31/933—2015	大气污染物综合排放标准（上海）	0.1	
24	钴及其化合物	GB 31573—2015	无机化学工业污染物排放标准	0.005	《空气和废气　颗粒物中铅等金属元素的测定　电感耦合等离子体质谱法》（HJ 657）
25	钼及其化合物	GB 31573—2015	无机化学工业污染物排放标准	0.04	《空气和废气　颗粒物中铅等金属元素的测定　电感耦合等离子体质谱法》（HJ 657）
26	铊及其化合物	GB 31573—2015	无机化学工业污染物排放标准	0.001	《空气和废气　颗粒物中铅等金属元素的测定　电感耦合等离子体质谱法》（HJ 657）
27	锡及其化合物	GB 31574—2015	再生铜、铝、铅、锌工业污染物排放标准	0.24	《大气固定污染源　锡的测定　石墨炉原子吸收分光光度法》（HJ/T 65）《空气和废气　颗粒物中铅等金属元素的测定　电感耦合等离子体质谱法》（HJ 657）
		GB 30770—2014	锡、锑、汞工业污染物排放标准	0.24	
		DB 11/501—2017	大气污染物综合排放标准（北京）	0.06	
		DB 31/933—2015	大气污染物综合排放标准（上海）	0.06	
		GB 16297—1996	大气污染物综合排放标准	0.24	

序号	控制项目	标准号	排放标准名称	浓度限值/（mg/m³）	推荐方法
28	铬及其化合物	GB 31574—2015	再生铜、铝、铅、锌工业污染物排放标准	0.006	《空气和废气 颗粒物中铅等金属元素的测定 电感耦合等离子体质谱法》（HJ 657）
		GB 28666—2012	铁合金工业污染物排放标准	0.006	
29	铍及其化合物	DB 11/501—2017	大气污染物综合排放标准（北京）	0.000 2	《固定污染源废气 铍的测定 石墨炉原子吸收分光光度法》（HJ 684）《空气和废气 颗粒物中铅等金属元素的测定 电感耦合等离子体质谱法》（HJ 657）
		DB 31/933—2015	大气污染物综合排放标准（上海）	0.000 2	
		GB 16297—1996	大气污染物综合排放标准	0.000 8	
30	氯甲烷	DB 11/501—2017	大气污染物综合排放标准（北京）	1.2	《环境空气 挥发性有机物的测定 吸附管采样-热脱附-气相色谱-质谱法》（HJ 644）
		DB 31/933—2015	大气污染物综合排放标准（上海）	1.2	
31	二氯甲烷	DB 31/933—2015	大气污染物综合排放标准（上海）	4	《环境空气 挥发性有机物的测定 罐采样/气相色谱-质谱法》（HJ 759）
32	三氯甲烷	DB 31/933—2015	大气污染物综合排放标准（上海）	0.4	
33	二氯乙烷	GB 15581—2016	烧碱、聚氯乙烯工业污染物排放标准	0.15	《环境空气 挥发性有机物的测定 吸附管采样-热脱附/气相色谱-质谱法》（HJ 644）《环境空气 挥发性卤代烃的测定 活性炭吸附-二硫化碳解析/气相色谱法》（HJ 645）《环境空气 挥发性有机物的测定 罐采样/气相色谱-质谱法》（HJ 759）

序号	控制项目	标准号	排放标准名称	浓度限值/（mg/m³）	推荐方法
34	氯乙烯	GB 15581—2016	烧碱、聚氯乙烯工业污染物排放标准	0.15	《固定污染源排气中氯乙烯的测定　气相色谱法》（HJ/T 34）《环境空气　挥发性有机物的测定　罐采样/气相色谱-质谱法》（HJ 759）
		DB 11/501—2017	大气污染物综合排放标准（北京）	0.15	
		DB 31/933—2015	大气污染物综合排放标准（上海）	0.3	
		GB 16297—1996	大气污染物综合排放标准	0.6	
35	三氯乙烯	DB 31/933—2015	大气污染物综合排放标准（上海）	0.6	《环境空气　挥发性有机物的测定　吸附管采样-热脱附/气相色谱-质谱法》（HJ 644）《环境空气　挥发性卤代烃的测定　活性炭吸附-二硫化碳解吸/气相色谱法》（HJ 645）《环境空气　挥发性有机物的测定　罐采样/气相色谱-质谱法》（HJ 759）
36	1,3-丁二烯	DB 31/933—2015	大气污染物综合排放标准（上海）	0.1	《环境空气　挥发性有机物的测定　罐采样/气相色谱-质谱法》（HJ 759）
37	苯	GB 31571—2015	石油化学工业污染物排放标准	0.4	《环境空气　苯系物的测定　固体吸附/热脱附-气相色谱法》（HJ 583）《环境空气　苯系物的测定　活性炭吸附/二硫化碳解吸-气相色谱法》（HJ 584）《环境空气　挥发性有机物的测定　吸附管采样-热脱附/气相色谱-质谱法》（HJ 644）《环境空气　挥发性有机物的测定　罐采样/气相色谱-质谱法》（HJ 759）
		GB 31570—2015	石油炼制工业污染物排放标准	0.4	
		GB 31572—2015	合成树脂工业污染物排放标准	0.4	
		GB 16171—2012	炼焦化学工业污染物排放标准	0.4	
		GB 21902—2008	合成革与人造革工业污染物排放标准	0.1	
		DB 44/815—2010	印刷行业挥发性有机化合物排放标准（广东）	0.1	
		DB 44/816—2010	表面涂装（汽车制造业）挥发性有机化合物排放标准（广东）	0.1	
		DB 32/2862—2016	表面涂装（汽车制造业）挥发性有机化合物排放标准（江苏）	0.1	
		DB 12/524—2014	工业企业挥发性有机物排放控制标准（天津）	0.1	
		DB 11/501—2017	大气污染物综合排放标准（北京）	0.1	
		DB 31/933—2015	大气污染物综合排放标准（上海）	0.1	
		GB 16297—1996	大气污染物综合排放标准	0.4	

序号	控制项目	标准号	排放标准名称	浓度限值/（mg/m³）	推荐方法
38	甲苯	GB 31571—2015	石油化学工业污染物排放标准	0.8	《环境空气 苯系物的测定 固体吸附/热脱附-气相色谱法》（HJ 583）《环境空气 苯系物的测定 活性炭吸附/二硫化碳解吸-气相色谱法》（HJ 584）《环境空气 挥发性有机物的测定 吸附管采样-热脱附/气相色谱-质谱法》（HJ 644）《环境空气 挥发性有机物的测定 罐采样/气相色谱-质谱法》（HJ 759）
		GB 31570—2015	石油炼制工业污染物排放标准	0.8	
		GB 31572—2015	合成树脂工业污染物排放标准	0.8	
		GB 28665—2012	轧钢工业大气污染物排放标准	2.4	
		GB 27632—2011	橡胶制品工业污染物排放标准	2.4	
		GB 21902—2008	合成革与人造革工业污染物排放标准	1	
		DB 44/815—2010	印刷行业挥发性有机化合物排放标准（广东）	0.6	
		DB 44/816—2010	表面涂装（汽车制造业）挥发性有机化合物排放标准（广东）	0.6	
		DB 32/2862—2016	表面涂装（汽车制造业）挥发性有机化合物排放标准（江苏）	0.6	
		DB 12/524—2014	工业企业挥发性有机物排放控制标准（天津）	0.6	
		DB 11/501—2017	大气污染物综合排放标准（北京）	0.2	
		DB 31/933—2015	大气污染物综合排放标准（上海）	0.2	
		GB 16297—1996	大气污染物综合排放标准	2.4	
39	二甲苯	GB 31571—2015	石油化学工业污染物排放标准	0.8	《环境空气 苯系物的测定 固体吸附/热脱附-气相色谱法》（HJ 583）《环境空气 苯系物的测定 活性炭吸附/二硫化碳解吸-气相色谱法》（HJ 584）《环境空气 挥发性有机物的测定 吸附管采样-热脱附/气相色谱-质谱法》（HJ 644）《环境空气 挥发性有机物的测定 罐采样/气相色谱-质谱法》（HJ 759）
		GB 31570—2015	石油炼制工业污染物排放标准	0.8	
		GB 28665—2012	轧钢工业大气污染物排放标准	1.2	
		DB 11/501—2017	大气污染物综合排放标准（北京）	0.2	
		GB 27632—2011	橡胶制品工业污染物排放标准	1.2	
		GB 16297—1996	大气污染物综合排放标准	1.2	
		GB 21902—2008	合成革与人造革工业污染物排放标准	1	
		DB 44/815—2010	印刷行业挥发性有机化合物排放标准（广东）	0.2	
		DB 44/816—2010	表面涂装（汽车制造业）挥发性有机化合物排放标准（广东）	0.2	
		DB 32/2862—2016	表面涂装（汽车制造业）挥发性有机化合物排放标准（江苏）	0.2	
		DB 12/524—2014	工业企业挥发性有机物排放控制标准（天津）	0.2	
		DB 31/933—2015	大气污染物综合排放标准（上海）	0.2	
40	三甲苯	DB 44/816—2010	表面涂装（汽车制造业）挥发性有机化合物排放标准（广东）	0.2	《环境空气挥发性有机物的测定 吸附管采样-热脱附/气相色谱-质谱法》（HJ 644）《环境空气 挥发性有机物的测定 罐采样/气相色谱-质谱法》（HJ 759）

序号	控制项目	标准号	排放标准名称	浓度限值/（mg/m³）	推荐方法
41	苯乙烯	GB 14554—1993	恶臭污染物排放标准	3.0	《环境空气　苯系物的测定　固体吸附/热脱附-气相色谱法》（HJ 583）《环境空气　苯系物的测定　活性炭吸附/二硫化碳解吸-气相色谱法》（HJ 584）《环境空气　挥发性有机物的测定　吸附管采样-热脱附/气相色谱-质谱法》（HJ 644）《环境空气　挥发性有机物的测定　罐采样/气相色谱-质谱法》（HJ 759）
42	非甲烷总烃	GB 31571—2015	石油化学工业污染物排放标准	4	《环境空气　总烃、甲烷和非甲烷总烃的测定　直接进样-气相色谱法》（HJ 604）
		GB 31570—2015	石油炼制工业污染物排放标准	4	
		GB 31572—2015	合成树脂工业污染物排放标准	4	
		GB 30484—2013	电池工业污染物排放标准	2	
		GB 28665—2012	轧钢工业大气污染物排放标准	4	
		GB 27632—2011	橡胶制品工业污染物排放标准	4	
		DB 11/501—2017	大气污染物综合排放标准（北京）	1.0	
		DB 31/933—2015	大气污染物综合排放标准（上海）	4	
		GB 16297—1996	大气污染物综合排放标准	4	
43	VOCs	GB 21902—2008	合成革与人造革工业污染物排放标准	10	《环境空气　挥发性有机物的测定　吸附管采样-热脱附/气相色谱-质谱法》（HJ 644）《环境空气　挥发性有机物的测定　罐采样/气相色谱-质谱法》（HJ 759）《固定污染源废气　挥发性有机物的测定　固相吸附-热脱附/气相色谱-质谱法》（HJ 734）《挥发性有机物监测方法》（DB 32/2862—2016 附录 B）
		DB 12/524—2014	工业企业挥发性有机物排放控制标准（天津）	2	
		DB 44/815—2010	印刷行业挥发性有机化合物排放标准（广东）	2	
		DB 44/816—2010	表面涂装（汽车制造业）挥发性有机化合物排放标准（广东）	2	
		DB 32/2862—2016	表面涂装（汽车制造业）挥发性有机化合物排放标准（江苏）	1.5	

序号	控制项目	标准号	排放标准名称	浓度限值/（mg/m³）	推荐方法
44	环氧乙烷	DB 31/933—2015	大气污染物综合排放标准（上海）	0.1	《工作场所空气中有毒物质测定　环氧化合物》（GBZ/T 160.58*）
45	氯苯类	DB 11/501—2017	大气污染物综合排放标准（北京）	0.1	《固定污染源排气中氯苯类的测定　气相色谱法》（HJ/T 39）《大气固定污染源　氯苯类化合物的测定　气相色谱法》（HJ/T 66）
		DB 31/933—2015	大气污染物综合排放标准（上海）	0.1	
		GB 16297—1996	大气污染物综合排放标准	0.4	
46	甲醇	DB 11/501—2017	大气污染物综合排放标准（北京）	0.5	《空气和废气监测分析方法》（第四版增补版）国家环境保护总局　气相色谱法（B）*
		DB 31/933—2015	大气污染物综合排放标准（上海）	1	
		GB 16297—1996	大气污染物综合排放标准	12	
47	甲醛	DB 31/933—2015	大气污染物综合排放标准（上海）	0.05	《环境空气　醛、酮类化合物测定　高效液相色谱法》（HJ 683）
		DB 11/501—2017	大气污染物综合排放标准（北京）	0.05	
		GB 16297—1996	大气污染物综合排放标准	0.2	
48	乙醛	DB 31/933—2015	大气污染物综合排放标准（上海）	0.01	《环境空气　醛、酮类化合物测定　高效液相色谱法》（HJ 683）
		DB 11/501—2017	大气污染物综合排放标准（北京）	0.01	
		GB 16297—1996	大气污染物综合排放标准	0.04	
49	乙酸乙酯	DB 31/933—2015	大气污染物综合排放标准（上海）	1	《固定污染源废气　挥发性有机物的测定　固相吸附-热脱附/气相色谱-质谱法》（HJ 734）《环境空气　挥发性有机物的测定　罐采样/气相色谱-质谱法》（HJ 759）
50	乙酸丁酯	DB 31/933—2015	大气污染物综合排放标准（上海）	0.5	《固定污染源废气　挥发性有机物的测定　固相吸附-热脱附/气相色谱-质谱法》（HJ 734）《环境空气　挥发性有机物的测定　罐采样/气相色谱-质谱法》（HJ 759）
51	甲基丙烯酸甲酯	DB 31/933—2015	大气污染物综合排放标准（上海）	0.4	《环境空气　挥发性有机物的测定　罐采样/气相色谱-质谱法》（HJ 759）

序号	控制项目	标准号	排放标准名称	浓度限值/（mg/m³）	推荐方法
52	甲基异丁基酮	DB 31/933—2015	大气污染物综合排放标准（上海）	0.7	《环境空气　挥发性有机物的测定　罐采样/气相色谱-质谱法》（HJ 759）
53	丙烯腈	DB 11/501—2017	大气污染物综合排放标准（北京）	0.0	《固定污染源排气中丙烯腈的测定　气相色谱法》（HJ/T 37）
		DB 31/933—2015	大气污染物综合排放标准（上海）	0.2	
		GB 16297—1996	大气污染物综合排放标准	0.6	
54	丙烯醛	DB 11/501—2017	大气污染物综合排放标准（北京）	0.1	《环境空气　醛、酮类化合物测定　高效液相色谱法》（HJ 683）《环境空气　挥发性有机物的测定　罐采样/气相色谱-质谱法》（HJ 759）
		DB 31/933—2015	大气污染物综合排放标准（上海）	0.1	
		GB 16297—1996	大气污染物综合排放标准	0.4	
55	丙烯酸	DB 31/933—2015	大气污染物综合排放标准（上海）	0.11	《工作场所空气　有毒物质测定　羧酸类化合物》（GBZ/T 160.59*）
56	丙烯酸甲酯	DB 31/933—2015	大气污染物综合排放标准（上海）	0.4	《工作场所空气　有毒物质测定　不饱和脂肪族酯类化合物》（GBZ/T 160.64*）
57	环己酮	DB 31/933—2015	大气污染物综合排放标准（上海）	1	《工作场所空气　有毒物质测定　脂环酮和芳香族酮类化合物》（GBZ/T 160.56*）
58	乙腈	DB 31/933—2015	大气污染物综合排放标准（上海）	0.6	《工作场所空气　有毒物质测定　腈类化合物》（GBZ/T 160.68*）
59	苯并[a]芘	GB 31571—2015	石油化学工业污染物排放标准	0.000 008	《环境空气　苯并[a]芘的测定　高效液相色谱法》（GB/T 15439）《固定污染源排气中苯并[a]芘的测定　高效液相色谱法》（HJ/T 40）《环境空气和废气　气相和颗粒物中多环芳烃的测定　气相色谱-质谱法》（HJ 646）《环境空气和废气　气相和颗粒物中多环芳烃的测定　高效液相色谱法》（HJ 647）
		GB 31570—2015	石油炼制工业污染物排放标准	0.000 008	
		GB 16171—2012	炼焦化学工业污染物排放标准	0.01 μg/m³	
		GB 25465—2010	铝工业污染物排放标准	0.000 01	
		DB 11/501—2017	大气污染物综合排放标准（北京）	0.002 5 μg/m³	
		DB 31/933—2015	大气污染物综合排放标准（上海）	0.000 008	
		GB 16297—1996	大气污染物综合排放标准	0.008 μg/m³	

序号	控制项目	标准号	排放标准名称	浓度限值/(mg/m³)	推荐方法
60	硝基苯类	DB 31/933—2015	大气污染物综合排放标准（上海）	0.01	《空气质量 硝基苯类（一硝基和二硝基类化合物）的测定 锌还原-盐酸萘乙二胺分光光度法》（GB/T 15501）《环境空气 硝基苯类化合物的测定 气相色谱法》（HJ 738）《环境空气 硝基苯类化合物的测定 气相色谱法-质谱法》（HJ 739）
		DB 11/501—2017	大气污染物综合排放标准（北京）	0.010	
		GB 16297—1996	大气污染物综合排放标准	0.040	
61	甲硫醇	GB 14554—1993	恶臭污染物排放标准	一级 0.004	《空气质量 硫化氢、甲硫醇、甲硫醚和二甲二硫的测定 气相色谱法》（GB/T 14678）
62	甲硫醚	GB 14554—1993	恶臭污染物排放标准	一级 0.03	《空气质量 硫化氢、甲硫醇、甲硫醚和二甲二硫的测定 气相色谱法》（GB/T 14678）
63	二甲二硫	GB 14554—1993	恶臭污染物排放标准	一级 0.03	《空气质量 硫化氢、甲硫醇、甲硫醚和二甲二硫的测定 气相色谱法》（GB/T 14678）
64	二甲基甲酰胺（DMF）	GB 21902—2008	合成革与人造革工业污染物排放标准	0.4	《环境空气和废气 酰胺类化合物的测定 液相色谱法》（HJ 801）
65	酚类	GB 16171—2012	炼焦化学工业污染物排放标准	0.02	《固定污染源排气中酚类化合物的测定 4-氨基安替比林分光光度法》（HJ/T32）《环境空气 酚类化合物测定 高效液相色谱法》（HJ 638）
		DB 11/501—2017	大气污染物综合排放标准（北京）	0.02	
		DB 31/933—2015	大气污染物综合排放标准（上海）	0.02	
		GB 16297—1996	大气污染物综合排放标准	0.08	
66	三甲胺	GB 14554—1993	恶臭污染物排放标准	一级 0.05	《空气质量 三甲胺的测定 气相色谱法》（GB/T 14676）
67	苯胺类	DB 31/933—2015	大气污染物综合排放标准（上海）	0.1	《大气固定污染源 苯胺类的测定 气相色谱法》（HJ/T 68）《空气质量 苯胺类的测定 盐酸萘乙二胺分光光度法》（GB/T 15502）
		DB 11/501—2017	大气污染物综合排放标准（北京）	0.1	
		GB 16297—1996	大气污染物综合排放标准	0.4	

注：* 表示该方法为参考方法，待生态环境部发布污染物监测方法后，优先选用最新发布方法。

附录 A   多环芳烃毒性当量因子及计算方法

一、多环芳烃类物质毒性当量因子

16 种多环芳烃以苯并[a]芘计，每种物质毒性当量因子见附表 A-1。

附表 A-1   多环芳烃毒性当量因子 TEF 值

序号	名称	毒性当量因子（TEF）	序号	名称	毒性当量因子（TEF）
1	萘	0.001	9	苯并[a]蒽	0.1
2	苊烯	0.001	10	䓛	0.01
3	苊	0.001	11	苯并[b]荧蒽	0.1
4	芴	0.001	12	苯并[k]荧蒽	0.1
5	菲	0.001	13	苯并[a]芘	1
6	蒽	0.01	14	茚并[1,2,3-c,d]芘	0.1
7	荧蒽	0.001	15	二苯并[a,h]蒽	5
8	芘	0.001	16	苯并[g,h,i]苝	0.01

译自：Ian C T Nisbet and Peter K Lagoy. Toxic equivalency factors（TEFs） for polycyclic aromatic hydrocarbons（PAHs）. Regulatory Toxicology and Pharmacology 16，290-300（1992）。

二、多环芳烃毒性当量计算方式

多环芳烃以苯并[a]芘计，毒性当量浓度（TEQ）计算公式如下：

$$TEQ_{BaP} = \sum_{i=1}^{n} C_i \times TEF_i$$

式中：TEQ_{BaP} —— 多环芳烃当量浓度，以苯并[a]芘计；

C_i —— 第 i 种多环芳烃浓度；

TEF_i —— 第 i 种多环芳烃对应毒性当量因子。

附录 B 我国和美国阈限值选择

附表 B-1 我国阈限值一览表

序号	中文名	英文名	化学文摘号（CAS No.）	OELs/（mg/m³）			备注
				MAC	PC-TWA	PC-STEL	
1	安妥	Antu	86-88-4	—	0.3	—	—
2	氨	Ammonia	7664-41-7	—	20	30	—
3	2-氨基吡啶	2-Aminopyridine	504-29-0	—	2	—	皮
4	氨基磺酸铵	Ammonium sulfamate	7773-06-0	—	6	—	—
5	氨基氰	Cyanamide	420-04-2	—	2	—	—
6	奥克托今	Octogen	2691-41-0	—	2	4	—
7	巴豆醛	Crotonaldehyde	4170-30-3	12	—	—	—
8	百草枯	Paraquat	4685-14-7	—	0.5	—	—
9	百菌清	Chlorothalonile	1897-45-6	1	—	—	G2B
10	钡及其可溶性化合物（按 Ba 计）	Barium and soluble compounds, as Ba	7440-39-3（Ba）	—	0.5	1.5	—
11	倍硫磷	Fenthion	55-38-9	—	0.2	0.3	皮
12	苯	Benzene	71-43-2	—	6	10	皮，G1
13	苯胺	Aniline	62-53-3	—	3	—	皮
14	苯基醚（二苯醚）	Phenyl ether	101-84-8	—	7	14	—
15	苯硫磷	EPN	2104-64-5	—	0.5	—	皮
16	苯乙烯	Styrene	100-42-5	—	50	100	皮，G2B
17	吡啶	Pyridine	110-86-1	—	4	—	—
18	苄基氯	Benzyl chloride	100-44-7	5	—	—	G2A
19	丙醇	Propyl alcohol	71-23-8	—	200	300	—
20	丙酸	Propionic acid	79-09-4	—	30	—	—
21	丙酮	Acetone	67-64-1	—	300	450	—
22	丙酮氰醇（按 CN 计）	Acetone cyanohydrin，as CN	75-86-5	3	—	—	皮
23	丙烯醇	Allyl alcohol	107-18-6	—	2	3	皮
24	丙烯腈	Acrylonitrile	107-13-1	—	1	2	皮，G2B
25	丙烯醛	Acrolein	107-02-8	0.3	—	—	皮
26	丙烯酸	Acrylic acid	79-10-7	—	6	—	皮

序号	中文名	英文名	化学文摘号（CAS No.）	OELs/（mg/m³）			备注
				MAC	PC-TWA	PC-STEL	
27	丙烯酸甲酯	Methyl acrylate	96-33-3	—	20	—	皮，敏
28	丙烯酸正丁酯	*n*-Butyl acrylate	141-32-2	—	25	—	敏
29	丙烯酰胺	Acrylamide	79-06-1	—	0.3	—	皮，G2A
30	草酸	Oxalic acid	144-62-7	—	1	2	—
31	重氮甲烷	Diazomethane	334-88-3	—	0.35	0.7	—
32	抽余油（60～220℃）	Raffinate（60～220℃）		—	300	—	
33	臭氧	Ozone	10028-15-6	0.3	—	—	
34	滴滴涕（DDT）	Dichlorodiphenyltrichloroethane（DDT）	50-29-3	—	0.2		G2B
35	敌百虫	Trichlorfon	52-68-6	—	0.5	1	—
36	敌草隆	Diuron	330-54-1	—	10	—	—
37	碲化铋（按 Bi₂Te₃ 计）	Bismuth telluride，as Bi₂Te₃	1304-82-1	—	5	—	—
38	碘	Iodine	7553-56-2	1	—	—	—
39	碘仿	Iodoform	75-47-8	—	10	—	—
40	碘甲烷	Methyl iodide	74-88-4	—	10	—	皮
41	叠氮酸蒸气	Hydrazoic acid vapor	7782-79-8	0.2	—	—	—
42	叠氮化钠	Sodium azide	26628-22-8	0.3	—	—	—
43	丁醇	Butyl alcohol	71-36-3	—	100	—	—
44	1,3-丁二烯	1,3-Butadiene	106-99-0	—	5	—	G2A
45	丁醛	Butylaldehyde	123-72-8	—	5	10	—
46	丁酮	Methylethyl ketone	78-93-3	—	300	600	—
47	丁烯	Butylene	25167-67-3	—	100	—	—
48	毒死蜱	Chlorpyrifos	2921-88-2	—	0.2	—	皮
49	对苯二甲酸	Terephthalic acid	100-21-0	—	8	15	—
50	对二氯苯	*p*-Dichlorobenzene	106-46-7	—	30	60	G2B
51	对茴香胺	*p*-Anisidine	104-94-9	—	0.5	—	皮
52	对硫磷	Parathion	56-38-2	—	0.05	0.1	皮
53	对特丁基甲苯	*p*-Tert-butyltoluene	98-51-1	—	6	—	—
54	对硝基苯胺	*p*-Nitroaniline	100-01-6	—	3	—	皮
55	对硝基氯苯	*p*-Nitrochlorobenzene	100-00-5	—	0.6	—	皮
56	多次甲基多苯基多异氰酸酯	Polymetyhlene polyphenyl isocyanate（PMPPI）	57029-46-6	—	0.3	0.5	—
57	二苯胺	Diphenylamine	122-39-4	—	10		—
58	二苯基甲烷二异氰酸酯	Diphenylmethane diisocyanate	101-68-8	—	0.05	0.1	—

序号	中文名	英文名	化学文摘号（CAS No.）	OELs/（mg/m³）			备注
				MAC	PC-TWA	PC-STEL	
59	二丙二醇甲醚	Dipropylene glycol methyl ether	34590-94-8	—	600	900	皮
60	2-N-二丁氨基乙醇	2-N-Dibutylaminoethanol	102-81-8	—	4	—	皮
61	二噁烷	1,4-Dioxane	123-91-1	—	70	—	皮，G2B
62	二氟氯甲烷	Chlorodifluoromethane	75-45-6	—	3 500	—	
63	二甲胺	Dimethylamine	124-40-3	—	5	10	
64	二甲苯（全部异构体）	Xylene（all isomers）	1330-20-7；95-47-6；108-38-3	—	50	100	—
65	二甲基苯胺	Dimethylanilne	121-69-7	—	5	10	皮
66	1,3-二甲基丁基乙酸酯（乙酸仲己酯）	1,3-Dimethylbutyl acetate（sec-hexylacetate）	108-84-9	—	300	—	
67	二甲基二氯硅烷	Dimethyl dichlorosilane	75-78-5	2	—	—	
68	二甲基甲酰胺	Dimethylformamide（DMF）	68-12-2	—	20	—	皮
69	3,3-二甲基联苯胺	3,3-Dimethylbenzidine	119-93-7	0.02	—	—	皮，G2B
70	N,N-二甲基乙酰胺	Dimethyl acetamide	127-19-5	—	20	—	皮
71	二聚环戊二烯	Dicyclopentadiene	77-73-6	—	25	—	—
72	二硫化碳	Carbon disulfide	75-15-0	—	5	10	皮
73	1,1-二氯-1-硝基乙烷	1,1-Dichloro-1-nitro-ethane	594-72-9	—	12	—	
74	1,3-二氯丙醇	1,3-Dichloropropanol	96-23-1	—	5	—	皮
75	1,2-二氯丙烷	1,2-Dichloropropane	78-87-5	—	350	500	—
76	1,3-二氯丙烯	1,3-Dichloropropene	542-75-6	—	4	—	皮，G2B
77	二氯二氟甲烷	Dichlorodifluoromethane	75-71-8	—	5 000	—	
78	二氯甲烷	Dichloromethane	75-09-2	—	200	—	G2B
79	二氯乙炔	Dichloroacetylene	7572-29-4	0.4	—	—	—
80	1,2-二氯乙烷	1,2-Dichloroethane	107-06-2	—	7	15	G2B
81	1,2-二氯乙烯	1,2-Dichloroethylene	540-59-0	—	800	—	
82	二缩水甘油醚	Diglycidyl ether	2238-07-5	—	0.5	—	
83	二硝基苯（全部异构体）	Dinitrobenzene（all isomers）	528-29-0；99-65-0；100-25-4	—	1	—	皮

序号	中文名	英文名	化学文摘号（CAS No.）	OELs/（mg/m^3）			备注
				MAC	PC-TWA	PC-STEL	
84	二硝基甲苯	Dinitrotoluene	25321-14-6	—	0.2	—	皮，G2B（2,4-二硝基甲苯；2,6-二硝基甲苯）
85	4,6-二硝基邻苯甲酚	4,6-Dinitro-o-cresol	534-52-1	—	0.2	—	皮
86	二硝基氯苯	Dinitrochlorobenzene	25567-67-3	—	0.6	—	皮
87	二氧化氮	Nitrogen dioxide	10102-44-0	—	5	10	—
88	二氧化硫	Sulfur dioxide	7446-09-5	—	5	10	—
89	二氧化氯	Chlorine dioxide	10049-04-4	—	0.3	0.8	—
90	二氧化碳	Carbon dioxide	124-38-9	—	9 000	18 000	—
91	二氧化锡（按 Sn 计）	Tin dioxide，as Sn	1332-29-2	—	2	—	—
92	2-二乙氨基乙醇	2-Diethylaminoethanol	100-37-8	—	50	—	皮
93	二亚乙基三胺	Diethylene triamine	111-40-0	—	4	—	皮
94	二乙基甲酮	Diethyl ketone	96-22-0	—	700	900	—
95	二乙烯基苯	Divinyl benzene	1321-74-0	—	50	—	—
96	二异丁基甲酮	Diisobutyl ketone	108-83-8	—	145	—	—
97	二异氰酸甲苯酯（TDI）	Toluene-2,4-diisocyanate（TDI）	584-84-9	—	0.1	0.2	敏，G2B
98	二月桂酸二丁基锡	Dibutyltin dilaurate	77-58-7	—	0.1	0.2	皮
99	钒及其化合物（按 V 计）	Vanadium and compounds，as V	7440-62-6（V）				
	五氧化二钒烟尘	Vanadium pentoxide fume、dust		—	0.05	—	—
	钒铁合金尘	Ferrovanadium alloy dust			1		—
100	酚	Phenol	108-95-2	—	10	—	皮
101	呋喃	Furan	110-00-9	—	0.5	—	G2B
102	氟化氢（按 F 计）	Hydrogen fluoride，as F	7664-39-3	2	—	—	—
103	氟化物（不含氟化氢）（按 F 计）	Fluorides（except HF），as F		—	2	—	—
104	锆及其化合物（按 Zr 计）	Zirconium and compounds，as Zr	7440-67-7（Zr）	—	5	10	—

序号	中文名	英文名	化学文摘号（CAS No.）	OELs/（mg/m³）			备注
				MAC	PC-TWA	PC-STEL	
105	镉及其化合物（按 Cd 计）	Cadmium and compounds，as Cd	7440-43-9（Cd）	—	0.01	0.02	G1
106	汞-金属汞（蒸气）	Mercury metal（vapor）	7439-97-6	—	0.02	0.04	皮
107	汞-有机汞化合物（按 Hg 计）	Mercury organic compounds，as Hg		—	0.01	0.03	皮
108	钴及其氧化物（按 Co 计）	Cobalt and oxides，as Co	7440-48-4（Co）	—	0.05	0.1	G2B
109	光气	Phosgene	75-44-5	0.5	—	—	—
110	癸硼烷	Decaborane	17702-41-9	—	0.25	0.75	皮
111	过氧化苯甲酰	Benzoyl peroxide	94-36-0	—	5	—	—
112	过氧化氢	Hydrogen peroxide	7722-84-1	—	1.5	—	—
113	环己胺	Cyclohexylamine	108-91-8	—	10	20	—
114	环己醇	Cyclohexanol	108-93-0	—	100	—	皮
115	环己酮	Cyclohexanone	108-94-1	—	50	—	皮
116	环己烷	Cyclohexane	110-82-7	—	250	—	—
117	环氧丙烷	Propylene Oxide	75-56-9	—	5	—	敏，G2B
118	环氧氯丙烷	Epichlorohydrin	106-89-8	—	1	2	皮，G2A
119	环氧乙烷	Ethylene oxide	75-21-8	—	2	—	G1
120	黄磷	Yellow phosphorus	7723-14-0	—	0.05	0.1	—
121	己二醇	Hexylene glycol	107-41-5	100	—	—	—
122	1,6-己二异氰酸酯	Hexamethylene diisocyanate	822-06-0	—	0.03	—	—
123	己内酰胺	Caprolactam	105-60-2	—	5	—	—
124	2-己酮	2-Hexanone	591-78-6	—	20	40	皮
125	甲拌磷	Thimet	298-02-2	0.01	—	—	皮
126	甲苯	Toluene	108-88-3	—	50	100	皮
127	N-甲苯胺	N-Methyl aniline	100-61-8	—	2	—	皮
128	甲醇	Methanol	67-56-1	—	25	50	皮
129	甲酚（全部异构体）	Cresol（all isomers）	1319-77-3；95-48-7；108-39-4；106-44-5	—	10	—	皮
130	甲基丙烯腈	Methylacrylonitrile	126-98-7	—	3	—	皮
131	甲基丙烯酸	Methacrylic acid	79-41-4	—	70	—	—
132	甲基丙烯酸甲酯	Methyl methacrylate	80-62-6	—	100	—	敏
133	甲基丙烯酸缩水甘油酯	Glycidyl methacrylate	106-91-2	5	—	—	—

序号	中文名	英文名	化学文摘号（CAS No.）	OELs/（mg/m³）			备注
				MAC	PC-TWA	PC-STEL	
134	甲基肼	Methyl hydrazine	60-34-4	0.08	—	—	皮
135	甲基内吸磷	Methyl demeton	8022-00-2	—	0.2	—	皮
136	18-甲基炔诺酮（炔诺孕酮）	18-Methyl norgestrel	6533-00-2	—	0.5	2	—
137	甲硫醇	Methyl mercaptan	74-93-1	—	1	—	—
138	甲醛	Formaldehyde	50-00-0	0.5	—	—	敏，G1
139	甲酸	Formic acid	64-18-6	—	10	20	—
140	甲氧基乙醇	2-Methoxyethanol	109-86-4	—	15	—	皮
141	甲氧氯	Methoxychlor	72-43-5	—	10	—	—
142	间苯二酚	Resorcinol	108-46-3	—	20	—	—
143	焦炉逸散物（按苯溶物计）	Coke oven emissions, as benzene soluble matter		—	0.1	—	G1
144	肼	Hydrazine	302-01-2	—	0.06	0.13	皮，G2B
145	久效磷	Monocrotophos	6923-22-4	—	0.1	—	皮
146	糠醇	Furfuryl alcohol	98-00-0	—	40	60	皮
147	糠醛	Furfural	98-01-1	—	5	—	皮
148	可的松	Cortisone	53-06-5	—	1	—	—
149	苦味酸	Picric acid	88-89-1	—	0.1	—	—
150	乐果	Rogor	60-51-5	—	1	—	皮
151	联苯	Biphenyl	92-52-4	—	1.5	—	—
152	邻苯二甲酸二丁酯	Dibutyl phthalate	84-74-2	—	2.5	—	—
153	邻苯二甲酸酐	Phthalic anhydride	85-44-9	1	—	—	敏
154	邻二氯苯	o-Dichlorobenzene	95-50-1	—	50	100	
155	邻茴香胺	o-Anisidine	90-04-0	—	0.5	—	皮，G2B
156	邻氯苯乙烯	o-Chlorostyrene	2038-87-47	—	250	400	—
157	邻氯苄叉丙二腈	o-Chlorobenzylidene malononitrile	2698-41-1	0.4	—	—	皮
158	邻仲丁基苯酚	o-sec-Butylphenol	89-72-5	—	30	—	皮
159	磷胺	Phosphamidon	13171-21-6	—	0.02	—	皮
160	磷化氢	Phosphine	7803-51-2	0.3	—	—	—
161	磷酸	Phosphoric acid	7664-38-2	—	1	3	—
162	磷酸二丁基苯酯	Dibutyl phenyl phosphate	2528-36-1	—	3.5	—	皮
163	硫化氢	Hydrogen sulfide	7783-06-4	10	—	—	—
164	硫酸钡（按 Ba 计）	Barium sulfate, as Ba	7727-43-7	—	10	—	—

序号	中文名	英文名	化学文摘号（CAS No.）	OELs/（mg/m³）			备注
				MAC	PC-TWA	PC-STEL	
165	硫酸二甲酯	Dimethyl sulfate	77-78-1	—	0.5	—	皮，G2A
166	硫酸及三氧化硫	Sulfuric acid and sulfur trioxide	7664-93-9	—	1	2	G1
167	硫酰氟	Sulfuryl fluoride	2699-79-8	—	20	40	—
168	六氟丙酮	Hexafluoroacetone	684-16-2	—	0.5	—	皮
169	六氟丙烯	Hexafluoropropylene	116-15-4	—	4		
170	六氟化硫	Sulfur hexafluoride	2551-62-4	—	6 000	—	—
171	六六六	Hexachlorocyclohexane	608-73-1	—	0.3	0.5	G2B
172	γ-六六六	γ-Hexachlorocyclohexane	58-89-9	—	0.05	0.1	皮，G2B
173	六氯丁二烯	Hexachlorobutadine	87-68-3	—	0.2	—	皮
174	六氯环戊二烯	Hexachlorocyclopentadiene	77-47-4	—	0.1	—	—
175	六氯萘	Hexachloronaphthalene	1335-87-1	—	0.2	—	皮
176	六氯乙烷	Hexachloroethane	67-72-1	—	10	—	皮，G2B
177	氯	Chlorine	7782-50-5	1	—	—	—
178	氯苯	Chlorobenzene	108-90-7	—	50	—	—
179	氯丙酮	Chloroacetone	78-95-5	4	—	—	皮
180	氯丙烯	Allyl chloride	107-05-1	—	2	4	—
181	β-氯丁二烯	Chloroprene	126-99-8	—	4	—	皮，G2B
182	氯化铵烟	Ammonium chloride fume	12125-02-9	—	10	20	—
183	氯化苦	Chloropicrin	76-06-2	1	—	—	—
184	氯化氢及盐酸	Hydrogen chloride and chlorhydric acid	7647-01-0	7.5	—	—	—
185	氯化氰	Cyanogen chloride	506-77-4	0.75	—	—	—
186	氯化锌烟	Zinc chloride fume	7646-85-7	—	1	2	—
187	氯甲甲醚	Chloromethyl methyl ether	107-30-2	0.005	—	—	G1
188	氯甲烷	Methyl chloride	74-87-3	—	60	120	皮
189	氯联苯（54%氯）	Chlorodiphenyl（54%Cl）	11097-69-1	—	0.5	—	皮，G2A
190	氯萘	Chloronaphthalene	90-13-1	—	0.5	—	皮
191	氯乙醇	Ethylene chlorohydrin	107-07-3	2	—	—	皮
192	氯乙醛	Chloroacetaldehyde	107-20-0	3	—	—	—
193	氯乙酸	Chloroacetic acid	79-11-8	2	—	—	皮
194	氯乙烯	Vinyl chloride	75-01-4	—	10	—	G1
195	α-氯乙酰苯	α-Chloroacetophenone	532-27-4	—	0.3	—	—
196	氯乙酰氯	Chloroacetyl chloride	79-04-9	—	0.2	0.6	皮
197	马拉硫磷	Malathion	121-75-5	—	2	—	皮
198	马来酸酐	Maleic anhydride	108-31-6	—	1	2	敏

序号	中文名	英文名	化学文摘号 (CAS No.)	OELs/（mg/m^3）			备注
				MAC	PC-TWA	PC-STEL	
199	吗啉	Morpholine	110-91-8	—	60	—	皮
200	煤焦油沥青挥发物（按苯溶物计）	Coal tar pitch volatiles，as Benzene soluble matters	65996-93-2	—	0.2	—	G1
201	锰及其无机化合物（按MnO$_2$计）	Manganese and inorganic compounds，as MnO$_2$	7439-96-5（Mn）	—	0.15	—	—
202	钼及其化合物（按Mo计）	Molybdeum and compounds，as Mo	7439-98-7（Mo）				
	钼，不溶性化合物	Molybdeum and insoluble compounds		—	6	—	—
	可溶性化合物	soluble compounds		—	4	—	—
203	内吸磷	Demeton	8065-48-3	—	0.05	—	皮
204	萘	Naphthalene	91-20-3	—	50	75	皮，G2B
205	2-萘酚	2-Naphthol	2814-77-9	—	0.25	0.5	—
206	萘烷	Decalin	91-17-8	—	60	—	—
207	尿素	Urea	57-13-6	—	5	10	—
208	镍及其无机化合物（按Ni计）	Nickel and inorganic compounds，as Ni					G1（镍化合物），G2B（金属镍和镍合金）
	金属镍与难溶性镍化合物	Nickel metal and insoluble compounds	7440-02-0（Ni）	—	1	—	
	可溶性镍化合物	Soluble nickel compounds		—	0.5	—	
209	铍及其化合物（按Be计）	Beryllium and compounds，as Be	7440-41-7（Be）	—	0.000 5	0.001	G1
210	偏二甲基肼	Unsymmetric dimethylhydrazine	57-14-7	—	0.5	—	皮，G2B
211	铅及其无机化合物（按Pb计）	Lead and inorganic Compounds，as Pb	7439-92-1（Pb）				G2B（铅），G2A（铅的无机化合物）
	铅尘	Lead dust		—	0.05	—	
	铅烟	Lead fume		—	0.03	—	
212	氢化锂	Lithium hydride	7580-67-8	—	0.025	0.05	—
213	氢醌	Hydroquinone	123-31-9	—	1	2	—
214	氢氧化钾	Potassium hydroxide	1310-58-3	2	—	—	—
215	氢氧化钠	Sodium hydroxide	1310-73-2	2	—	—	—
216	氢氧化铯	Cesium hydroxide	21351-79-1	—	2	—	—

序号	中文名	英文名	化学文摘号（CAS No.）	OELs/（mg/m³）			备注
				MAC	PC-TWA	PC-STEL	
217	氰氨化钙	Calcium cyanamide	156-62-7	—	1	3	—
218	氰化氢（按 CN 计）	Hydrogen cyanide，as CN	74-90-8	1	—	—	皮
219	氰化物（按 CN 计）	Cyanides，as CN	460-19-5（CN）	1	—	—	皮
220	氰戊菊酯	Fenvalerate	51630-58-1	—	0.05	—	皮
221	全氟异丁烯	Perfluoroisobutylene	382-21-8	0.08	—	—	—
222	壬烷	Nonane	111-84-2	—	500	—	—
223	溶剂汽油	Solvent gasolines		—	300	—	—
224	乳酸正丁酯	n-Butyl lactate	138-22-7	—	25	—	—
225	三次甲基三硝基胺（黑索今）	Cyclonite（RDX）	121-82-4	—	1.5	—	皮
226	三氟化氯	Chlorine trifluoride	7790-91-2	0.4	—	—	—
227	三氟化硼	Boron trifluoride	7637-07-2	3	—	—	—
228	三氟甲基次氟酸酯	Trifluoromethyl hypofluorite		0.2	—	—	—
229	三甲苯磷酸酯	Tricresyl phosphate	1330-78-5	—	0.3	—	皮
230	1,2,3-三氯丙烷	1,2,3-Trichloropropane	96-18-4	—	60	—	皮，G2A
231	三氯化磷	Phosphorus trichloride	7719-12-2	—	1	2	—
232	三氯甲烷	Trichloromethane	67-66-3	—	20	—	G2B
233	三氯硫磷	Phosphorous thiochloride	3982-91-0	0.5	—	—	—
234	三氯氢硅	Trichlorosilane	10025-28-2	3	—	—	—
235	三氯氧磷	Phosphorus oxychloride	10025-87-3	—	0.3	0.6	—
236	三氯乙醛	Trichloroacetaldehyde	75-87-6	3	—	—	—
237	1,1,1-三氯乙烷	1,1,1-trichloroethane	71-55-6	—	900	—	—
238	三氯乙烯	Trichloroethylene	79-01-6	—	30	—	G2A
239	三硝基甲苯	Trinitrotoluene	118-96-7		0.2	0.5	皮
240	三氧化铬、铬酸盐、重铬酸盐（按 Cr 计）	Chromium trioxide、chromate、dichromate，as Cr	7440-47-3（Cr）	—	0.05	—	G1
241	三乙基氯化锡	Triethyltin chloride	994-31-0	—	0.05	0.1	皮
242	杀螟松	Sumithion	122-14-5	—	1	2	皮
243	砷化氢（胂）	Arsine	7784-42-1	0.03	—	—	G1
244	砷及其无机化合物（按 As 计）	Arsenic and inorganic compounds，as As	7440-38-2（As）	—	0.01	0.02	G1

序号	中文名	英文名	化学文摘号（CAS No.）	OELs/（mg/m³）			备注
				MAC	PC-TWA	PC-STEL	
245	升汞（氯化汞）	Mercuric chloride	7487-94-7	—	0.025	—	—
246	石腊烟	Paraffin wax fume	8002-74-2	—	2	4	—
247	石油沥青烟（按苯溶物计）	Asphalt（petroleum）fume, as benzene soluble matter	8052-42-4	—	5	—	G2B
248	双（巯基乙酸）二辛基锡	Bis（marcaptoacetate）dioctyltin	26401-97-8	—	0.1	0.2	—
249	双丙酮醇	Diacetone alcohol	123-42-2	—	240	—	—
250	双硫醒	Disulfiram	97-77-8	—	2	—	—
251	双氯甲醚	Bis（chloromethyl）ether	542-88-1	0.005	—	—	G1
252	四氯化碳	Carbon tetrachloride	56-23-5	—	15	25	皮，G2B
253	四氯乙烯	Tetrachloroethylene	127-18-4	—	200	—	G2A
254	四氢呋喃	Tetrahydrofuran	109-99-9	—	300	—	—
255	四氢化锗	Germanium tetrahydride	7782-65-2	—	0.6	—	—
256	四溴化碳	Carbon tetrabromide	558-13-4	—	1.5	4	—
257	四乙基铅（按 Pb 计）	Tetraethyl lead, as Pb	78-00-2	—	0.02	—	皮
258	松节油	Turpentine	8006-64-2	—	300	—	—
259	铊及其可溶性化合物（按 Tl 计）	Thallium and soluble compounds, as Tl	7440-28-0（Tl）	—	0.05	0.1	皮
260	钽及其氧化物（按 Ta 计）	Tantalum and oxide, as Ta	7440-25-7（Ta）	—	5	—	—
261	碳酸钠（纯碱）	Sodium carbonate	3313-92-6	—	3	6	—
262	羰基氟	Carbonyl fluoride	353-50-4	—	5	10	—
263	羰基镍（按 Ni 计）	Nickel carbonyl, as Ni	13463-39-3	0.002	—	—	G1
264	锑及其化合物（按 Sb 计）	Antimony and compounds, as Sb	7440-36-0（Sb）	—	0.5	—	—
265	铜（按 Cu 计）	Copper, as Cu	7440-50-8				
	铜尘	Copper dust		—	1	—	—
	铜烟	Copper fume		—	0.2	—	—
266	钨及其不溶性化合物（按 W 计）	Tungsten and insoluble compounds, as W	7440-33-7（W）	—	5	10	—

序号	中文名	英文名	化学文摘号（CAS No.）	OELs/（mg/m³）			备注
				MAC	PC-TWA	PC-STEL	
267	五氟氯乙烷	Chloropentafluoroethane	76-15-3	—	5 000	—	—
268	五硫化二磷	Phosphorus pentasulfide	1314 -80-3	—	1	3	—
269	五氯酚及其钠盐	Pentachlorophenol and sodium salts	87-86-5		0.3	—	皮
270	五羰基铁（按 Fe 计）	Iron pentacarbonyl，as Fe	13463-40-6	—	0.25	0.5	—
271	五氧化二磷	Phosphorus pentoxide	1314-56-3	1	—	—	—
272	戊醇	Amyl alcohol	71-41-0	—	100	—	—
273	戊烷（全部异构体）	Pentane（all isomers）	78-78-4；109-66-0；463-82-1	—	500	1 000	—
274	硒化氢（按 Se 计）	Hydrogen selenide，as Se	7783-07-5	—	0.15	0.3	—
275	硒及其化合物（按 Se 计）（不包括六氟化硒、硒化氢）	Selenium and compounds，as Se（except hexafluoride，hydrogen selenide）	7782-49-2（Se）	—	0.1	—	—
276	纤维素	Cellulose	9004-34-6	—	10	—	—
277	硝化甘油	Nitroglycerine	55-63-0	1	—	—	皮
278	硝基苯	Nitrobenzene	98-95-3	—	2	—	皮，G2B
279	1-硝基丙烷	1-Nitropropane	108-03-2	—	90	—	—
280	2-硝基丙烷	2-Nitropropane	79-46-9	—	30	—	G2B
281	硝基甲苯（全部异构体）	Nitrotoluene（all isomers）	88-72-2；99-08-1；99-99-0	—	10	—	皮
282	硝基甲烷	Nitromethane	75-52-5	—	50	—	G2B
283	硝基乙烷	Nitroethane	79-24-3	—	300	—	—
284	辛烷	Octane	111-65-9		500	—	—
285	溴	Bromine	7726-95-6	—	0.6	2	—
286	溴化氢	Hydrogen bromide	10035-10-6	10	—	—	—
287	溴甲烷	Methyl bromide	74-83-9	—	2	—	皮
288	溴氰菊酯	Deltamethrin	52918-63-5	—	0.03	—	—
289	氧化钙	Calcium oxide	1305-78-8	—	2	—	—
290	氧化镁烟	Magnesium oxide fume	1309-48-4	—	10	—	—
291	氧化锌	Zinc oxide	1314-13-2	—	3	5	—
292	氧乐果	Omethoate	1113-02-6	—	0.15	—	皮
293	液化石油气	Liquified petroleum gas（L.P.G.）	68476-85-7	—	1 000	1 500	—

序号	中文名	英文名	化学文摘号（CAS No.）	OELs/（mg/m³）			备注
				MAC	PC-TWA	PC-STEL	
294	一甲胺	Monomethylamine	74-89-5	—	5	10	—
295	一氧化氮	Nitric oxide（Nitrogen monoxide）	10102-43-9	—	15	—	—
296	一氧化碳	Carbon monoxide	630-08-0				
	非高原	not in high altitude area		—	20	30	—
	高原海拔 2 000～3 000 m	In high altitude area 2 000～3 000 m		20	—	—	—
	海拔＞3 000 m	＞3 000 m		15	—	—	—
297	乙胺	Ethylamine	75-04-7	—	9	18	皮
298	乙苯	Ethyl benzene	100-41-4	—	100	150	G2B
299	乙醇胺	Ethanolamine	141-43-5	—	8	15	—
300	乙二胺	Ethylenediamine	107-15-3	—	4	10	皮
301	乙二醇	Ethylene glycol	107-21-1	—	20	40	—
302	乙二醇二硝酸酯	Ethylene glycol dinitrate	628-96-6	—	0.3	—	皮
303	乙酐	Acetic anhydride	108-24-7	—	16	—	—
304	N-乙基吗啉	N-Ethylmorpholine	100-74-3	—	25	—	皮
305	乙基戊基甲酮	Ethyl amyl ketone	541-85-5	—	130	—	—
306	乙腈	Acetonitrile	75-05-8	—	30	—	皮
307	乙硫醇	Ethyl mercaptan	75-08-1	—	1	—	—
308	乙醚	Ethyl ether	60-29-7	—	300	500	—
309	乙硼烷	Diborane	19287-45-7	—	0.1	—	—
310	乙醛	Acetaldehyde	75-07-0	45	—	—	G2B
311	乙酸	Acetic acid	64-19-7	—	10	20	—
312	2-甲氧基乙基乙酸酯	2-Methoxyethyl acetate	110-49-6	—	20	—	皮
313	乙酸丙酯	Propyl acetate	109-60-4	—	200	300	—
314	乙酸丁酯	Butyl acetate	123-86-4	—	200	300	—
315	乙酸甲酯	Methyl acetate	79-20-9	—	200	500	—
316	乙酸戊酯（全部异构体）	Amyl acetate（all isomers）	628-63-7	—	100	200	—
317	乙酸乙烯酯	Vinyl acetate	108-05-4	—	10	15	G2B
318	乙酸乙酯	Ethyl acetate	141-78-6	—	200	300	—
319	乙烯酮	Ketene	463-51-4	—	0.8	2.5	—
320	乙酰甲胺磷	Acephate	30560-19-1	—	0.3	—	皮

序号	中文名	英文名	化学文摘号（CAS No.）	OELs/（mg/m³）			备注
				MAC	PC-TWA	PC-STEL	
321	乙酰水杨酸（阿司匹林）	Acetylsalicylic acid（aspirin）	50-78-2	—	5	—	—
322	2-乙氧基乙醇	2-Ethoxyethanol	110-80-5	—	18	36	皮
323	2-乙氧基乙基乙酸酯	2-Ethoxyethyl acetate	111-15-9	—	30	—	皮
324	钇及其化合物（按Y计）	Yttrium and compounds，as Y	7440-65-5	—	1	—	—
325	异丙胺	Isopropylamine	75-31-0	—	12	24	
326	异丙醇	Isopropyl alcohol（IPA）	67-63-0	—	350	700	—
327	N-异丙基苯胺	N-Isopropylaniline	768-52-5	—	10	—	皮
328	异稻瘟净	Iprobenfas	26087-47-8	—	2	5	皮
329	异佛尔酮	Isophorone	78-59-1	30	—	—	—
330	异佛尔酮二异氰酸酯	Isophorone diisocyanate（IPDI）	4098-71-9	—	0.05	0.1	—
331	异氰酸甲酯	Methyl isocyanate	624-83-9	—	0.05	0.08	皮
332	异亚丙基丙酮	Mesityl oxide	141-79-7	—	60	100	—
333	铟及其化合物（按In计）	Indium and compounds，as In	7440-74-6（In）		0.1	0.3	—
334	茚	Indene	95-13-6	—	50	—	—
335	正丁胺	n-butylamine	109-73-9	15	—	—	皮
336	正丁基硫醇	n-butyl mercaptan	109-79-5	2	—	—	—
337	正丁基缩水甘油醚	n-butyl glycidyl ether	2426-08-6	—	60	—	—
338	正庚烷	n-Heptane	142-82-5	—	500	1 000	—
339	正己烷	n-Hexane	110-54-3	—	100	180	皮

注：①职业性有害因素的接触限制量值（OELs）指劳动者在职业活动过程中长期反复接触，对绝大多数接触者的健康不引起有害作用的容许接触水平。PC-TWA：时间加权平均容许浓度（Permissible Concentration-Time Weighted Average），指以时间为权数规定的8 h工作日、40 h工作周的平均容许接触浓度。PC-STEL：短时间接触容许浓度，指在遵守PC-TWA前提下容许短时间（15 min）接触的浓度。MAC：最高容许浓度，在一个工作日内、任何时间有毒化学物质均不应超过的浓度。

②在备注栏内标有"皮"的物质，表示可因皮肤、黏膜和眼睛直接接触蒸气、液体和固体，通过完整的皮肤吸收引起全身效应。在备注栏内标"敏"，是指已被人或动物资料证实该物质可能有致敏作用，但并不表示致敏作用是制定PC-TWA所依据的关键效应，也不表示致敏效应是制定PC-TWA的唯一依据。

③致癌性标识按国际癌症研究中心（IARC）分级，在备注栏内用G1、G2A、G2B标识，作为参考性资料。化学物质的致癌性证据来自流行病学、毒理学和机理研究。国际癌症研究中心（IARC）将潜在化学致癌性物质分类为：G1：确认人类致癌物（carcinogenic to humans）；G2A：可能人类致癌物（probably carcinogenic to humans）；G2B：可疑人类致癌物（possibly carcinogenic to humans）；G3：对人及动物致癌性证据不足（not calssifiable as to carcinogenicity to humans）；G4：未列为人类致癌物（probably not carcinogenic to humans）。本标准引用国际癌症组织（IARC）的致癌性分级标识G1、G2A、G2B，作为职业病危害预防控制的参考。对于标有致癌性标识的化学物质，应采取技术措施与个人防护，减少接触机会，尽可能保持最低接触水平。

摘自：《工作场所有害因素职业接触限值 第1部分：化学有害因素》（GBZ 2.1—2007）。

附表 B-2 美国工业卫生医师协会（ACGIH）2010 年化学物质阈限值 TLVs 名单

物质名[CAS No.]	物质名称（中文）	TWA	STEL	符号	分子量
Acetaldehyde[75-07-0]	乙醛	—	（C 25 ppm）	A3	44.05
Acetic acid[64-19-7]	乙酸	10 ppm	15 ppm	—	60.00
Acetic anhydride[108-24-7]	乙酐	（5 ppm）	（—）	（—）	102.09
Acetone[67-64-1]	丙酮	500 ppm	750 ppm	A4；BEI	58.05
Acetone cyanohydrin[75-86-5], as CN	丙酮氰醇，按 CN 计	—	C 5 mg/m³	Skin	85.10
Acetonitrile[75-05-8]	乙腈	20 ppm	—	Skin；A4	41.05
Acetophenone[98-86-2]	乙酰苯	10 ppm	—	—	120.15
Acetylene[74-86-2]	乙炔	单纯性窒息剂 [D]			26.02
Acetylsalicylic acid（Aspirin）[50-78-2]	乙酰水杨酸（阿司匹林）	5 mg/m³	—	—	180.15
Acrolein[107-02-8]	丙烯醛	—	C 0.1 ppm	Skin；A4	56.06
Acrylamide[79-06-1]	丙烯酰胺	0.03 mg/m³ [IFV]	—	Skin；A3	71.08
Acrylic acid[79-10-7]	丙烯酸	2 ppm	—	Skin；A4	72.06
Acrylonitrile[107-13-1]	丙烯腈	2 ppm	—	Skin；A3	53.05
Adipic acid[124-04-9]	己二酸	5 mg/m³	—	—	146.14
Adiponitrile[111-69-3]	己二腈	2 ppm	—	Skin	108.10
Alachlor[15972-60-8]	甲草胺	1 mg/m³ [IFV]	—	—	269.8
Aldrin [309-00-2]	艾氏剂	0.25 mg/m³	—	Skin；A3	364.93
Aliphatic hydrocarbon gases Alkane[C₁-C₄]	脂肪烃气体，烷烃[C₁—C₄]	1 000 ppm	—	—	不定
Allyl alcohol[107-18-6]	丙烯醇	0.5 ppm	—	Skin；A4	58.08
Allyl chloride[107-05-1]	氯丙烯	1 ppm	2 ppm	A3	76.50
Allyl glycidyl ether（AGE）[106-92-3]	烯丙基缩水甘油醚	1 ppm	—	A4	114.14
Allyl propyl disulfide[2179-59-1]	烯丙基丙基二硫化物	0.5 ppm	—	SEN	148.16
Aluminum metal [7429-90-5] and insoluble compounds	金属铝不溶性铝化合物	1 mg/m³ [R]	—	A4	26.98，不定
4-Aminodiphenyl[92-67-1]	4-氨基联苯	—（L）	—	Skin；A1	169.23
2-Aminopyridine[504-29-0]	2-氨基吡啶	0.5 ppm	—	—	94.12
Amitrole [61-82-5]	氨基三唑，杀草强	0.2 mg/m³	—	A3	84.08
Ammonia[7664-41-7]	氨	25 ppm	35 ppm	—	17.03
Ammonium chloride fume [12125-02-9]	氯化铵烟	10 mg/m³	20 mg/m³	—	53.50
Ammonium perfluorooctanoate [3825-26-1]	全氟辛酸铵	0.01 mg/m³	—	Skin；A3	431.00
Ammonium sulfamate[7773-06-0]	氨基磺酸铵	10 mg/m³	—	—	114.13

物质名[CAS No.]	物质名称（中文）	TWA	STEL	符号	分子量
tert-Amyl methyl ether（TAME）[994-05-8]	叔戊基甲醚	20 ppm	—	—	102.20
Aniline[62-53-3]	苯胺	2 ppm	—	Skin; A3; BEI	93.12
o-Anisidine[90-04-0]	邻茴香胺	0.5 mg/m³	—	Skin; A3; BEI$_M$	123.15
p-Anisidine[104-94-9]	对茴香胺	0.5 mg/m³	—	Skin; A4; BEI$_M$	123.15
Antimony[7440-36-0] and compounds，as Sb	锑及其化合物，按 Sb 计	0.5 mg/m³	—	—	121.75, 不定
Antimony hydride [7803-52-3]	锑化氢	0.1 ppm	—	—	124.78
Antimony trioxide[1309-64-4] production	三氧化锑产物	—（L）	—	A2	291.50
ANTU[86-88-4]	安妥	0.3 mg/m³	—	A4; Skin	202.27
Argon[7440-37-1]	氩	单纯性窒息剂 (D)			39.95
Arsenic [7440-38-2] and inorganic compounds，as As	砷及其无机化合物，按 As 计	0.01 mg/m³	—	A1; BEI	74.92, 不定
Arsine [7784-42-1]	砷化氢	0.005 ppm	—	—	77.95
Asbestos，all forms[1332-21-4]	石棉，所有形态	0.1 f/cc (F)	—	A1	不定
Asphalt（Bitumen）fume[8052-42-4]，as benzene-soluble aerosol	石油沥青烟，按苯气溶胶计	0.5 mg/m³ (I)	—	A4; BEI$_p$	—
Atrazine[1912-24-9]（and related symmetrical triazines）	阿特拉津（莠去津）	5 mg/m³	—	A4	216.06
Azinphos-methyl[86-50-0]	谷硫磷	0.2 mg/m³ (IFV)	—	Skin; SEN; A4; BEI$_A$	317.34
Barium[7440-39-3] and soluble compounds，as Ba	钡及其可溶性化合物，按 Ba 计	0.5 mg/m³	—	A4	137.30, 不定
Barium sulfate[7727-43-7]	硫酸钡	10 mg/m³	—	—	233.43
Benomyl[17804-35-2]	苯菌灵	10 mg/m³	—	SEN; A3	290.32
Benz[a]anthracene[56-55-3]	苯并[a]蒽	—（L）	—	A2; BEI$_p$	228.30
Benzene[71-43-2]	苯	0.5 ppm	2.5 ppm	Skin; A1; BEI	78.11
Benzidine[92-87-5]	联苯胺	—（L）	—	Skin; A1	184.23
Benzo[b]fluoranthene[205-99-2]	苯并[b]荧蒽	—（L）	—	A2; BEI$_p$	252.30
Benzo[a]pyrene[50-32-8]	苯并[a]芘	—（L）	—	A2; BEI$_p$	252.30
Benzotrichloride[98-07-7]	三氯苯	—	C 0.1 ppm	Skin; A2	195.50
Benzoyl chloride[98-88-4]	苄酰氯	—	C 0.5 ppm	A4	140.57
Benzoyl peroxide[94-36-0]	过氧化苯甲酰	5 mg/m³	—	A4	242.22
Benzyl acetate[140-11-4]	乙酸苄酯	10 ppm	—	A4	150.18

物质名[CAS No.]	物质名称（中文）	TWA	STEL	符号	分子量
Benzyl chloride[100-44-7]	苄基氯	1 ppm	—	A3	126.58
Beryllium [7440-41-7] and compounds，as Be	铍及其化合物，按 Be 计	0.000 05 mg/m³ (I)	—	Skin；SEN；A1	9.01，不定
Biphenyl[92-52-4]	联苯	0.2 ppm	—	—	154.20
Bis（2-dimethylaminoethyl）Ether（DMAEE）[3033-62-3]	双 2-二甲胺基乙基醚	0.05 ppm	0.15 ppm	Skin	160.3
Bismuth telluride Undoped[1304-82-1] Se-doped，as Bi₂Te₃	碲化铋 不含硒 含有硒，按 Bi₂Te₃ 计	10 mg/m³ 5 mg/m³	— —	A4 A4	800.83
Borates compounds，Inorganic [1330-43-4；1303-96-4；10043-35-3；12179-04-3]	硼酸盐化合物，无机物	2 mg/m³ (I)	6 mg/m³ (I)	A4	不定，不定
Boron oxide[1303-86-2]	氧化硼	10 mg/m³	—	—	69.64
Boron tribromide[10294-33-4]	三溴化硼	—	C 1 ppm	—	250.57
Boron trifluoride[7637-07-2]	三氟化硼	—	C 1 ppm	—	67.82
Bromacil[314-40-9]	除草定	10 mg/m³	—	A3	261.11
Bromine[7726-95-6]	溴	0.1 ppm	0.2 ppm	—	159.81
Bromine pentafluoride[7789-30-2]	五氟化溴	0.1 ppm	—	—	174.92
Bromoform[75-25-2]	溴仿	0.5 ppm	—	A3	252.73
1-Bromopropane[106-94-5]	1-溴丙烷	10 ppm	—	—	122.99
1,3-Butadiene[106-99-0]	1,3-丁二烯	2 ppm	—	A2	54.09
Butane，all isomers[106-97-8；75-28-5]	丁烷，所有异构体	见脂肪烃气体：烷烃[C₁—C₄]			58.12
n-Butanol[71-36-3]	正丁醇	20 ppm	—	—	74.12
sec-Butanol[78-92-2]	仲丁醇	100 ppm	—	—	74.12
tert-Butanol[75-65-0]	叔丁醇	100 ppm	—	A4	74.12
Butenes，all isomers [106-98-9；107-01-7；590-18-1；624-64-6；25167-67-3] Isobutene [115-11-7]	丁烯，所有异构体 异丁烯	250 ppm 250 ppm	— —	A4	56.11
2-Butoxyethanol（ECBE）[111-76-2]	2-丁氧基乙醇	20 ppm	—	A3	118.17
2-Butoxyethyl acetate（EGBEA）[112-07-2]	乙酸-2-丁氧基乙酯	20 ppm	—	A3	160.20
n-Butyl acetate[123-86-4]	乙酸正丁酯	150 ppm	200 ppm	—	116.16
sec-Butyl acetate[105-46-4]	乙酸仲丁酯	200 ppm	—	—	116.16
tert-Butyl acetate[540-88-5]	乙酸叔丁酯	200 ppm	—	—	116.16
n-Butyl acrylate[141-32-2]	丙烯酸正丁酯	2 ppm	—	SEN；A4	128.17
n-Butylamine[109-73-9]	正丁胺	—	C 5 ppm	Skin	73.14
Butylated hydroxytoluene（BHT）[128-37-0]	丁基化羟基甲苯	2 mg/m³ (IFV)	—	A4	220.34

物质名[CAS No.]	物质名称（中文）	TWA	STEL	符号	分子量
tert-Butyl chromate，as CrO₃[1189-85-1]	叔丁基铬酸酯，按 CrO₃ 计	—	C 0.1 mg/m³	Skin	230.22
n-Butyl glycidyl ether（BGE）[2426-08-6]	正丁基缩水甘油醚	3 ppm	—	Skin；SEN	130.21
n-Butyl lactate[138-22-7]	乳酸正丁酯	5 ppm	—	—	146.19
n-Butyl mercaptan[109-79-5]	正丁基硫醇	0.5 ppm	—	—	90.19
o-sec-Butyl phenol[89-72-5]	邻仲丁基苯酚	5 ppm	—	Skin	150.22
p-tert-Butyl toluene[98-51-1]	对叔丁基甲苯	1 ppm	—	—	148.18
Cadmium[7440-43-9] and compounds，as Cd	镉 镉化合物，按 Cd 计	0.01 mg/m³ 0.002 mg/m³ (R)	— —	A2；BEI A2；BEI	112.40, 不定
Calcium chromate[13765-19-0], as Cr	铬酸钙，按 Cr 计	0.001 mg/m³	—	A2	156.09
Calcium cyanamide[156-62-7]	氰氨化钙	0.5 mg/m³	—	A4	80.11
Calcium hydroxide[1305-62-0]	氢氧化钙	5 mg/m³	—	—	74.10
Calciumoxide[1305-78-8]	氧化钙	2 mg/m³	—	—	56.80
Calcium silicate, Synthetic nonfibrous [1344-95-2]	硅酸钙，合成的非纤维	10 mg/m³ (E)	—	A4	116.16, 不定
Calcium sulfate [7778-18-9；10034-76-1；10101-41-4；13397-24-5]	硫酸钙	10 mg/m³ (I)	—	—	136.14
Camphor，synthetic[76-22-2]	樟脑，合成	2 ppm	3 ppm	A4	152.23
Caprolactam[105-60-2]	己内酰胺	5 mg/m³ (IFV)	—	A5	113.16
Captafol[2425-06-1]	敌菌丹	0.1 mg/m³	—	Skin；A4	349.06
Captan[133-06-2]	克菌丹	5 mg/m³ (I)	—	SEN；A3	300.60
Carbaryl[63-25-2]	西维因	0.5 mg/m³ (IFV)	—	Skin；A4；BEI_A	201.20
Carbofuran[1563-66-2]	呋喃丹	0.1 mg/m³ (IFV)	—	A4；BEI_A	221.30
Carbon black[1333-86-4]	炭黑	3.5 mg/m³	—	A3	不定
Carbon dioxide[124-38-9]	二氧化碳	5 000 ppm	30 000 ppm	—	44.01
Carbon disulfide[75-15-0]	二硫化碳	1 ppm	—	Skin；A4；BEI	76.14
Carbon monoxide[630-08-0]	一氧化碳	25 ppm	—	BEI	28.01
Carbon tetrabromide[558-13-4]	四溴化碳	0.1 ppm	0.3 ppm	—	331.65
Carbon tetrachloride [56-23-5]	四氯化碳	5 ppm	10 ppm	Skin；A2	153.84
Carbonyl fluoride[353-50-4]	羰酰氟	2 ppm	5 ppm	—	66.01
Catechol[120-80-9]	儿茶酚	5 ppm	—	Skin；A3	110.11
Cellulose[9004-34-6]	纤维素	10 mg/m³	—	—	不定
Cesium hydroxide[21351-79-1]	氢氧化铯	2 mg/m³	—	—	149.92
Chlordane[57-74-9]	氯丹	0.5 mg/m³	—	Skin；A3	409.80

物质名[CAS No.]	物质名称（中文）	TWA	STEL	符号	分子量
Chlorinated camphene [8001-35-2]	氯代莰烯（毒杀芬）	0.5 mg/m³	1 mg/m³	Skin；A3	414.00
o-Chlorinated diphenyl oxide [31242-93-0]	邻氯代联苯醚	0.5 mg/m³	—	—	377.00
Chlorine[7782-50-5]	氯	0.5 ppm	1 ppm	A4	70.91
Chlorine dioxide[10049-04-4]	二氧化氯	0.1 ppm	0.3 ppm	—	67.46
Chlorine trifluoride[7790-91-2]	三氟化氯	—	C 0.1 ppm	—	92.46
Chloroacetaldehyde[107-20-0]	氯乙醛	—	C 1 ppm	—	78.50
Chloroacetone[78-95-5]	氯丙酮	—	C 1 ppm	Skin	92.53
2-Chloroacetophenone[532-27-4]	2-氯乙酰苯	0.05 ppm	—	A4	154.59
Chloroacetyl chloride[79-04-9]	氯乙酰氯	0.05 ppm	0.15 ppm	Skin	112.95
Chlorobenzene[108-90-7]	氯苯	10 ppm	—	A3；BEI	112.56
o-Chlorobenzylidene malononitrile [2698-41-1]	邻氯苄叉丙二腈	—	C 0.05 ppm	Skin；A4	188.61
Chlorobromomethane[74-97-5]	氯溴甲烷	200 ppm	—	—	129.39
Chlorodifluoromethane[75-45-6]	一氯二氟甲烷	1 000 ppm	—	A4	86.47
Chlorodiphenyl（42% chlorine）[53469-21-9]	氯联苯（42%氯）	1 mg/m³	—	Skin	266.50
Chlorodiphenyl（54% chlorine）[11097-69-1]	氯联苯（54%氯）	0.5 mg/m³	—	Skin；A3	328.40
Chloroform[67-66-3]	氯仿	10 ppm	—	A3	119.38
bis（Chloromethyl）ether[542-88-1]	双氯甲醚	0.001 ppm	—	A1	114.96
Chloromethyl methyl ether[107-30-2]	氯甲甲醚	—（L）	—	A2	80.50
1-Chloro-1-nitropropane[600-25-9]	1-氯-1-硝基丙烷	2 ppm	—	—	123.54
Chloropentafluoroethane[76-15-3]	一氯五氟乙烷	1 000 ppm	—	—	154.47
Chloropicrin[76-06-2]	氯化苦	0.1 ppm	—	A4	164.39
1-Chloro-2-propanol[127-00-4] and 2-Chloro-1-propanol[l78-89-7]	1-氯-2-丙醇、2-氯-1-丙醇	1 ppm	—	Skin；A4	94.54
β-Chloroprene[126-99-8]	β-氯丁二烯	10 ppm	—	Skin	88.54
2-Chloropropionic acid[598-78-7]	2-氯丙酸	0.1 ppm	—	Skin	108.53
o-Chlorostyrene[2039-87-4]	邻氯苯乙烯	50 ppm	75 ppm	—	138.60
o-Chlorotoluene[95-49-8]	邻氯甲苯	50 ppm	—	—	126.59
Chlorpyrifos[2921-88-2]	毒死蜱	0.1 mg/m³ (IFV)	—	Skin；A4；BEI_A	350.57
Chromite ore processing（Chromate），as Cr	铬铁矿开采（铬酸盐），按铬计	0.05 mg/m³	—	A1	—
Chromium[7440-47-3] and inorganic compounds，as Cr Metal and Cr Ⅲcompounds Water-soluble Cr Ⅵcompounds	铬及其无机化合物，按 Cr 计 金属铬及其三价化合物 水溶性六价铬化物	0.5 mg/m³ 0.05 mg/m³	—	A4 A1；BEI	51.996, 不定, 不定 不定
Insoluble Cr Ⅵcompounds	不可溶性六价铬化物	0.01 mg/m³	—	A1	不定

物质名[CAS No.]	物质名称（中文）	TWA	STEL	符号	分子量
Chromyl chloride[14977-61-8]	铬酰氯	0.025 ppm	—		154.92
Chrysene[218-01-9]	䓛	—（L）	—	A3；BEIp	228.30
Citral [5392-40-9]	柠檬醛	5 ppm [(IFV)]	—	Skin；SEN；A4	152.24
Clopidol[2971-90-6]	氯吡多	10 mg/m³	—	A4	192.06
Coal dust	煤尘	—	—	—	—
Anthracite	无烟煤	0.4 mg/m³ [(R)]	—	A4	—
Bituminous	烟煤	0.9 mg/m³ [(R)]	—	A4	—
Coal tar pitch volatiles[65996-93-2]，as benzene soluble aerosol	煤焦油沥青挥发物，按苯溶物计	0.2 mg/m³	—	A1；BEIP	—
Cobalt[7440-48-4]and inorganic compounds，as Co	钴及其无机化合物，按 Co 计	0.02 mg/m³	—	A3；BEI	59.83，不定
Cobalt carbonyl[10210-68-1]，as Co	羰基钴，按 Co 计	0.1 mg/m³	—	—	341.94
Cobalt hydrocarbonyl[16842-03-8]，as Co	羰基氢钴，按 Co 计	0.1 mg/m³	—	—	171.98
Copper[7440-50-8]	铜				63.55
Fume	铜烟，按 Cu 计	0.2 mg/m³	—	—	—
Dusts and mists，as Cu	铜尘和雾，按 Cu 计	1 mg/m³	—	—	—
Cotton dust，raw，untreated	原棉尘	0.1 mg/m³ [(T)]	—	A4	—
Coumaphos [56-72-4]	蝇毒磷	0.05 mg/m³ [(IFV)]	—	Skin；A4；BEIA	362.80
Cresol，all isomers [1319-77-3；95-48-7；108-39-4；106-44-5]	甲酚，所有异构体	20 mg/m³ [(IFV)]	—	Skin	108.14
Crotonaldehyde[4170-30-3]	巴豆醛	—	C 0.3 ppm	Skin；A3	70.09
Crufomate[299-86-5]	育畜磷	5 mg/m³	—	A4；BEIA	291.71
Cumene[98-82-8]	异丙基苯	50 ppm	—	—	120.19
Cyanamide[420-04-2]	氨基氰	2 mg/m³	—	—	42.04
Cyanogen[460-19-5]	氰	10 ppm	—	—	52.04
Cyanogen chloride[506-77-4]	氯化氰	—	C 0.3 ppm	—	61.48
Cyclohexane[110-82-7]	环己烷	100 ppm	—	—	84.16
Cyclohexanol[108-93-0]	环己醇	50 ppm	—	Skin	100.16
Cyclohexanone[108-94-1]	环己酮	20 ppm	50 ppm	Skin；A3	98.14
Cyclohexene[110-83-8]	环己烯	300 ppm	—	—	82.14
Cyclohexylamine[108-91-8]	环己胺	10 ppm	—	A4	99.17
Cyclonite[121-82-4]	三次甲基三硝基胺	0.5 mg/m³	—	Skin；A4	222.26
Cyclopentadiene[542-92-7]	环戊二烯	75 ppm	—	—	66.10
Cyclopentane[287-92-3]	环戊烷	600 ppm	—	—	70.13
Cyhexatin[13121-70-5]	三环锡	5 mg/m³	—	A4	385.16
2,4-D[94-75-7]	2,4-滴	10 mg/m³	—	A4	221.04
DDT [50-29-3]	滴滴涕	1 mg/m³	—	A3	354.50

物质名[CAS No.]	物质名称（中文）	TWA	STEL	符号	分子量
Decaborane[17702-41-9]	癸硼烷	0.05 ppm	0.15 ppm	Skin	122.31
Demeton[8065-48-3]	内吸磷	0.05 mg/m³⁽ᴵFⱽ⁾	—	Skin; BEI_A	258.34
Demeton-S-methyl [1919-86-8]	S-甲基内吸磷	0.05 mg/m³⁽ᴵFⱽ⁾	—	Skin; SEN; A4; BEI_A	230.30
Diacetone alcohol[123-42-2]	二丙酮醇	50 ppm	—		116.16
Diazinon[333-41-5]	二嗪农	0.01 mg/m³⁽ᴵFⱽ⁾		Skin; A4; BEI_A	304.36
Diazomethane[334-88-3]	重氮甲烷	0.2 ppm	—	A2	42.04
Diborane[19287-45-7]	二硼烷	0.1 ppm	—	—	27.69
2-N-Dibutylaminoethanol[102-81-8]	2-N-二丁氨基乙醇	0.5 ppm	—	Skin; BEI_A	173.29
Dibutyl phenyl phosphate[2528-36-1]	磷酸二丁基苯酯	0.3 ppm	—	Skin; BEI_A	286.26
Dibutyl phosphate[107-66-4]	磷酸二丁酯	5 mg/m³ ⁽ᴵFⱽ⁾	—	Skin	210.21
Dibutyl phthalate [84-74-2]	邻苯二甲酸二丁酯	5 mg/m³	—	—	278.34
Dichloroacetic acid[79-43-6]	二氯乙酸	0.5 ppm	—	Skin；A3	128.95
Dichloroacetylene[7572-29-4]	二氯代乙炔	—	C 0.1 ppm	A3	94.93
o-Dichlorobenzene[95-50-1]	邻二氯苯	25 ppm	50 ppm	A4	147.01
p-Dichlorobenzene[106-46-7]	对二氯苯	10 ppm	—	A3	147.01
3,3'-Dichlorobenzidine[91-94-1]	3,3'-二氯联苯胺	—（L）		Skin；A3	253.13
1,4-Dichloro-2-butene[764-41-0]	1,4-二氯-2-丁烯	0.005 ppm	—	Skin；A2	124.99
Dichlorodifluoromethane[75-71-8]	二氯二氟甲烷	1 000 ppm	—	A4	120.91
1,3-Dichloro-5,5-dimethyl hydantoin [118-52-5]	1,3-二氯-5,5-二甲基乙内酰脲	0.2 mg/m³	0.4 mg/m³	—	197.03
1,1-Dichloroethane[75-34-3]	1,1-二氯乙烷	100 ppm	—	A4	98.97
1,2-Dichloroethylene，all isomers [540-59-0；156-59-2；156-60-5]	1,2-二氯乙烯，所有异构体	200 ppm			96.95
Dichloroethyl ether[111-44-4]	二氯乙醚	5 ppm	10 ppm	Skin；A4	143.02
Dichlorofluoromethane[75-43-4]	二氯一氟甲烷	10 ppm	—	—	102.92
Dichloromethane[75-09-2]	二氯甲烷	50 ppm		A3；BEI	84.93
1,1-Dichloro-1-nitroethane [594-72-9]	1,1-二氯-1-硝基乙烷	2 ppm			143.96
1,3-Dichloropropene[542-75-6]	1,3-二氯丙烯	1 ppm	—	Skin；A3	110.98
2,2-Dichloropropionic acid[75-99-0]	2,2-二氯丙酸	5 mg/m³ ⁽ᴵ⁾	—	A4	142.97
Dichlorotetrafluoroethane[76-14-2]	二氯四氟乙烷	1 000 ppm	—	A4	170.93
Dichlorvos（DDVP）　[62-73-7]	敌敌畏	0.1 mg/m³ ⁽ᴵFⱽ⁾	—	Skin; SEN; A4; BEI_A	220.98
Dicrotophos[141-66-2]	百治磷	0.05 mg/m³⁽ᴵFⱽ⁾	—	Skin; A4; BEI_A	237.21

物质名[CAS No.]	物质名称（中文）	TWA	STEL	符号	分子量
Dicyclopentadiene[77-73-6]	二环戊二烯	5 ppm	—	—	132.21
Dicyclopentadienyl iron[102-54-5]	二茂铁	10 mg/m³	—	—	186.03
Dieldrin[60-57-1]	狄氏剂	0.1 mg/m³	—	Skin；A3	380.93
Diesel fuel [68334-30-5；68476-30-2；68476-31-3；68476-34-6；77650-28-3] as total hydrocarbons	柴油机燃料，按总烃计	100 mg/m³ (IFV)	—	Skin；A3	不定
Diethanolamine[111-42-2]	二乙醇胺	1 mg/m³ (IFV)	—	Skin；A3	105.14
Diethylamine[109-89-7]	二乙胺	5 ppm	15 ppm	Skin；A4	73.14
2-Diethylaminoethanol[100-37-8]	2-二乙氨基乙醇	2 ppm	—	Skin	117.19
Diethylene triamine[111-40-0]	二乙烯三胺	1 ppm	—	Skin	103.17
Di（2-ethylhexyl）phthalate（DEHP）[117-81-7]	邻苯二甲酸二仲辛酯	5 mg/m³	—	A3	390.54
Diethyl ketone[96-22-0]	二乙基甲酮	200 ppm	300 ppm	—	86.13
Diethyl phthalate[84-66-2]	邻苯二甲酸二乙酯	5 mg/m³	—	A4	222.23
Difluorodibromomethane[75-61-6]	二氟二溴甲烷	100 ppm	—	—	209.83
Diglycidyl ether（DGE）[2238-07-5]	二缩水甘油醚	0.01 ppm	—	A4	130.14
Diisobutyl ketone[108-83-8]	二异丁基甲酮	25 ppm	—	—	142.23
Diisopropylamine[108-18-9]	二异丙胺	5 ppm	—	Skin	101.19
N,N-Dimethylacetamide[127-19-5]	N,N 二甲基乙酰胺	10 ppm	—	Skin；A4；BEI	87.12
Dimethylamine[124-40-3]	二甲胺	5 ppm	15 ppm	A4	45.08
Dimethylaniline（N,N-Dimethylaniline）[121-69-7]	二甲基苯胺	5 ppm	10 ppm	Skin；A4；BEI$_M$	121.18
Dimethyl carbamoyl chloride [79-44-7]	二甲基氨基甲酰氯	0.005 ppm	—	Skin；A2	107.54
Dimethyl disulfide [624-92-0]	二甲基二硫醚	0.5 ppm	—	Skin	94.2
Dimethylethoxysilane[14857-34-2]	二甲基乙氧基硅烷	0.5 ppm	1.5 ppm	—	104.20
Dimethylformamide[68-12-2]	二甲基甲酰胺	10 ppm	—	Skin；A4；BEI	73.09
1,1-Dimethylhydrazine[57-14-7]	1,1-二甲基肼（偏二甲基肼）	0.01 ppm	—	Skin；A3	60.12
Dimethylphthalate[131-11-3]	邻苯二甲酸二甲酯	5 mg/m³	—	—	194.19
Dimethyl sulfate[77-78-1]	硫酸二甲酯	0.1 ppm	—	Skin；A3	126.10
Dimethyl sulfide[75-18-3]	甲硫醚	10 ppm	—	—	62.14
Dinitrobenzene，all isomers [528-29-0；99-65-0；100-25-4；25154-54-53]	二硝基苯，所有异构体	0.15 ppm	—	Skin；BEI$_M$	168.11
Dinitrol-o-cresol[534-52-1]	二硝基邻甲酚	0.2 mg/m³	—	Skin	198.13
3,5-Dinitro-o-toluamide [148-01-6]	3,5-二硝基邻甲苯酰胺	1 mg/m³	—	A4	225.16

物质名[CAS No.]	物质名称（中文）	TWA	STEL	符号	分子量
Dinitrotoluene[25321-14-6]	二硝基甲苯	0.2 mg/m^3	—	Skin；A3；BEI$_M$	182.15
1,4-Dioxane[123-91-1]	1,4-二噁烷	20 ppm	—	Skin；A3	88.10
Dioxathion[78-34-2]	敌噁磷	0.1 mg/m$^{3\ (IFV)}$	—	Skin；A4；BEI$_A$	456.54
1,3-Dioxolane[646-06-0]	1,3-二氧戊烷	20 ppm	—	—	74.08
Diphenylamine[122-39-4]	二苯胺	10 mg/m^3	—	A4	169.24
Dipropyl ketone[123-19-3]	二丙基甲酮	50 ppm	—	—	114.80
Diquat[2764-72-9；85-00-7；6385-62-2]	敌草快	0.5 mg/m$^{3\ (I)}$ 0.1 mg/m$^{3\ (R)}$	—	Skin；A4 Skin；A4	不定
Disulfiram[97-77-8]	双硫醒	2 mg/m^3	—	A4	296.54
Disulfoton[298-04-4]	乙拌磷	0.05 mg/m$^{3(IFV)}$	—	Skin；A4；BEI$_A$	274.38
Diuron[330-54-1]	敌草隆	10 mg/m^3	—	A4	233.10
Divinyl benzene[1321-74-0]	二乙烯（基）苯	10 ppm	—	—	130.19
Dodecyl mercaptan[112-55-0]	十二烷基硫醇	0.1 ppm	—	SEN	202.40
Endosulfan[115-29-7]	硫丹	0.1 mg/m$^{3\ (IFV)}$	—	Skin；A4	406.95
Endrin[72-20-8]	异狄氏剂	0.1 mg/m^3	—	Skin；A4	380.93
Enflurane[13838-16-9]	安氟醚	75 ppm	—	A4	184.50
Epichlorohydrin[106-89-8]	环氧氯丙烷	0.5 ppm	—	Skin；A3	92.53
EPN[2104-64-5]	苯硫磷	0.1 mg/m$^{3\ (I)}$	—	Skin；A4；BEI$_A$	323.31
Ethane[74-84-0]	乙烷	见脂仿烃气体烷烃[C$_1$—C$_4$]			
Ethanol[64-17-5]	乙醇	—	1 000 ppm	A3	46.07
Ethanolamine[141-43-5]	乙醇胺	3 ppm	6 ppm	—	61.08
Ethion[563-12-2]	乙硫磷	0.05 mg/m$^{3(IFV)}$	—	Skin；A4；BEI$_A$	384.48
2-Ethoxyethanol（EGEE）[110-80-5]	2-乙氧基乙醇	5 ppm	—	Skin；BEI	90.12
2-Ethoxyethyl acetate（EGEEA）[111-15-9]	2-乙氧基乙酸乙酯	5 ppm	—	Skin；BEI	132.16
Ethyl acetate[141-78-6]	乙酸乙酯	400 ppm	—	—	88.10
Ethyl acrylate[140-88-5]	丙烯酸乙酯	5 ppm	15 ppm	A4	100.11
Ethylamine[75-04-7]	乙胺	5 ppm	15 ppm	Skin	45.08
Ethyl amyl ketone [541-85-5]	乙基戊基甲酮	10 ppm	—	—	128.21
Ethyl benzene[100-41-4]	乙苯	（100 ppm）	（125 ppm）	A3；BEI	106.16
Ethyl bromide[74-96-4]	溴乙烷	5 ppm	—	Skin；A3	108.98
Ethyl tert-butyl ether（ETBE）[637-92-3]	乙基叔丁基醚	5 ppm	—	—	102.18
Ethyl butyl ketone[106-35-4]	乙基丁基甲酮	50 ppm	75 ppm	—	114.19
Ethyl chloride[75-00-3]	氯乙烷	100 ppm	—	Skin；A3	64.52
Ethyl cyanoacrylate[7085-85-0]	腈基丙烯酸乙酯	0.2 ppm	—	—	125.12
Ethylene[74-85-1]	乙烯	200 ppm	—	A4	28.05

物质名[CAS No.]	物质名称（中文）	TWA	STEL	符号	分子量
Ethylene chlorohydrin[107-07-3]	氯乙醇	—	C 1 ppm	Skin；A4	80.52
Ethylenediamine[107-15-3]	乙二胺	10 ppm	—	Skin；A4	60.10
Ethylene dibromide[106-93-4]	二溴乙烯	—	—	Skin；A3	187.88
Ethylene dichloride[107-06-2]	二氯乙烯	10 ppm	—	A4	98.96
Ethylene glycol[107-21-1]	乙二醇	—	C 100 mg/m$^{3\,(H)}$	A4	62.07
Ethylene glycol dinitrate（EGDN）[628-96-6]	乙二醇二硝酸酯	0.05 ppm	—	Skin	152.06
Ethylene oxide[75-21-8]	环氧乙烷	1 ppm	—	A2	44.05
Ethylenimine[151-56-4]	氯丙啶，氮杂环丙烷	0.05 ppm	0.1 ppm	Skin；A3	43.08
Ethyl ether[60-29-7]	乙醚	400 ppm	500 ppm	—	74.12
Ethyl formate[109-94-4]	甲酸乙酯	100 ppm	—	A4	74.08
2-Ethylhexanoic acid[149-57-5]	2-乙基己酸	5 mg/m$^{3\,(IFV)}$	—	—	144.24
Ethylidene norbornene[16219-75-3]	亚乙基降冰片烯	—	C 5 ppm	—	120.19
Ethyl mercaptan[75-08-1]	乙硫醇	0.5 ppm	—	—	62.13
N-Ethylmorpholine[100-74-3]	N-乙基吗啉	5 ppm	—	Skin	115.18
Ethyl silicate[78-10-4]	硅酸乙酯	10 ppm	—	—	208.30
Fenamiphos[22224-92-6]	苯线磷	0.05 mg/m$^{3(IFV)}$	—	Skin；A4；BEI$_A$	303.40
Fensulfothion[115-90-2]	丰索磷	0.01 mg/m$^{3(IFV)}$	—	Skin；A4；BEI$_A$	308.35
Fenthion[55-38-9]	倍硫磷	0.05 mg/m$^{3(IFV)}$	—	Skin；A4；BEI$_A$	278.34
Ferbam[14484-64-1]	福美铁（二甲氨基荒酸铁）	5 mg/m$^{3\,(I)}$	—	A4	416.50
Ferrovanadium dust[12604-58-9]	钒铁尘	1 mg/m^3	3 mg/m^3	—	—
Flour dust	面粉尘	0.5 mg/m$^{3\,(I)}$	—	SEN	—
Fluorides，as F	氟化物，按F计	2.5 mg/m^3	—	A4；BEI	不定
Fluorine[7782-41-4]	氟	1 ppm	2 ppm	—	38.00
Fonofos[944-22-9]	地虫磷	0.01 mg/m$^{3(IFV)}$	—	Skin；A4；BEI$_A$	246.32
Formaldehyde[50-00-0]	甲醛	—	C 0.3 ppm	SEN；A2	30.03
Formamide[75-12-7]	甲酰胺	10 ppm	—	Skin	45.04
Formic acid[64-18-6]	甲酸	5 ppm	10 ppm	—	46.02
Furfural[98-01-1]	糠醛	2 ppm	—	Skin；A3；BEI	96.08
Furfuryl alcohol[98-00-0]	糠醇	10 ppm	15 ppm	Skin	98.10
Gallium arsenide[1303-00-0]	砷化镓	0.000 3 mg/m$^{3\,(R)}$	—	A3	144.64
Gasoline[86290-81-5]	汽油	300 ppm	500 ppm	A3	—
Germanium tetrahydride[7782-65-2]	四氢化锗	0.2 ppm	—	—	76.63

物质名[CAS No.]	物质名称（中文）	TWA	STEL	符号	分子量
Glutaraldehyde[111-30-8]，activated and inactivated	活性及非活性戊二醛	—	C 0.05 ppm	SEN；A4	100.11
Glycerin mist[56-81-5]	丙三醇（雾）	10 mg/m^3	—	—	92.09
Glycidol[556-52-5]	缩水甘油	2 ppm	—	A3	74.08
Glyoxal[107-22-2]	乙二醛	0.1 mg/m$^{3\,(IFV)}$	—	SEN；A4	58.04
Grain dust（oat，wheat，barley）	谷物尘（燕麦、小麦、大麦）	4 mg/m^3	—	—	—
Graphite（all forms except graphite fibers）[7782-42-5]	石墨（除石墨纤维外所有形态）	2 mg/m$^{3\,(R)}$	—	—	—
Hafnium[7440-58-6] and compounds，as Hf	铪及其化合物，按 Hf 计	0.5 mg/m^3	—	—	178.49
Halothane[151-67-7]	三氟溴氯乙烷	50 ppm	—	A4	197.39
Helium[7440-59-7]	氦	单纯性窒息剂$^{(D)}$		—	4.00
Heptachlor[76-44-8] and Heptachlor epoxide[1024-57-3]	七氯环氧七氯	0.05 mg/m^3	—	Skin；A3	373.32 389.40
Heptane：all isomers [142-82-5；590-35-2；565-59-3；108-08-7；591-76-4；589-34-4]	庚烷，所有异构体	400 ppm	500 ppm	—	100.20
Hexachlorobenzene[118-74-1]	六氯苯	0.002 mg/m^3	—	Skin；A3	284.78
Hexachlorobutadiene[87-68-3]	六氯丁二烯	0.02 ppm	—	Skin；A3	260.76
Hexachlorocyclopentadiene[77-47-4]	六氯环戊二烯	0.01 ppm	—	A4	272.75
Hexachloroethane[67-72-1]	六氯乙烷	1 ppm	—	Skin；A3	236.74
Hexachloronaphthalene[1335-87-1]	六氯萘	0.2 mg/m^3	—	Skin	334.74
Hexafluoroacetone[684-16-2]	六氟丙酮	0.1 ppm	—	Skin	166.02
Hexafluoropropylene[116-15-4]	六氟丙烯	0.1 ppm	—	—	150.02
Hexahydrophthalic anhydride，all isomers[85-42-7；13149-00-3；14166-21-3]	六氢邻苯二甲酸酐，所有异构体	—	C 0.05 mg/m$^{3\,(IFV)}$	SEN	154.17
Hexamethylene diisocyanate [822-06-0]	六亚甲基二异氰酸酯	0.005 ppm	—	—	168.22
Hexamethyl phosphoramide [680-31-9]	六甲基磷酰胺	—	—	Skin；A3	179.20
n-Hexane[110-54-3]	正己烷	50 ppm	—	Skin；BEI	86.18
Hexane，Other isomers	己烷，其他异构体	500 ppm	1 000 ppm	—	86.18
1,6-Hexanediamine[124-09-4]	1,6-己二胺	0.5 ppm	—	—	116.21
1-Hexene[529-41-6]	1-己烯	50 ppm	—	—	84.16
Sec-Hexyl acetate[108-84-9]	乙酸仲己酯	50 ppm	—	—	144.21
Hexylene glycol[107-41-5]	己二醇	—	C 25 ppm	—	118.17
Hydrazine[302-01-2]	肼	0.01 ppm	—	Skin；A3	32.05
Hydrogen[1333-74-0]	氢	单纯性窒息剂$^{(D)}$			1.01
Hydrogenatedterphenyls（nonirradiated）[61788-32-7]	氢化三联苯（非刺激性）	0.5 ppm	—	—	241.00

物质名[CAS No.]	物质名称（中文）	TWA	STEL	符号	分子量
Hydrogen bromide[10035-10-6]	溴化氢	—	C 2 ppm	—	80.92
Hydrogen chloride[7647-01-0]	氯化氢	—	C 2 ppm	A4	36.47
Hydrogen cyanide[74-90-8]	氰化氢	—	C 4.7 ppm	Skin	27.03
Cyanide salts[592-01-8；151-50-8；143-33-9]	氰化物	—	C 5 mg/m^3	Skin	不定
Hydrogen fluoride[7664-39-3]，as F	氟化氢，按 F 计	0.5 ppm	C 2 ppm	Skin；BEI	20.01
Hydrogen peroxide[7722-84-1]	过氧化氢	1 ppm	—	A3	34.02
Hydrogen selenide[7783-07-5]	硒化氢	0.05 ppm	—	—	80.98
Hydrogen sulfide [7783-06-4]	硫化氢	1 ppm	5 ppm	—	34.08
Hydroquinone [123-31-9]	氢醌	2 mg/m^3	—	SEN；A3	110.11
2-Hydroxypropyl acrylate[999-61-1]	丙烯酸 2-羟丙酯	0.5 ppm	—	Skin；SEN	130.14
Indene[95-13-6]	茚	5 ppm	—	—	116.15
Indium[7440-74-6] and compounds，as In	铟及其化合物，按 In 计	0.1 mg/m^3	—	—	49.00，不定
Iodine and iodides	碘及其化合物				不定
Iodine [7553-56-2]	碘	0.01 ppm $^{(IFV)}$	0.1 ppm $^{(V)}$	A4	253.81，
Io dides	碘化物	0.01 ppm $^{(IFV)}$		A4	不定
Iodoform[75-47-8]	碘仿	0.6 ppm	—	—	393.78
Iron oxide（Fe$_2$O$_3$）[1309-37-1]	氧化铁（Fe$_2$O$_3$）	5 mg/m^3 $^{(R)}$	—	A4	159.70
Iron pentacarbonyl[13463-40-6]	五羰基铁	0.1 ppm	0.2 ppm	—	195.90
Iron salts，soluble，as Fe	铁盐，可溶，按 Fe 计	1 mg/m^3	—	—	不定
Isoamyl alcohol[123-51-3]	异戊醇	100 ppm	125 ppm	—	88.15
Isobutanol[78-83-1]	异丁醇	50 ppm	—	—	74.12
Isobutyl acetate[110-19-0]	乙酸异丁酯	150 ppm	—	—	116.16
Isobutyl nitrite[542-56-3]	亚硝酸异丁酯	—	C 1 ppm $^{(IFV)}$	A3；BEI$_M$	103.12
Isooctyl alcohol[26952-21-6]	异辛醇	50 ppm	—	Skin	130.23
Isophorone[78-59-1]	异佛尔酮	—	C 5 ppm	A3	138.21
Isophorone diisocyanate[4098-71-9]	异佛尔酮二异氰酸酯	0.005 ppm	—	—	222.30
2-Isopropoxyethanol[109-59-1]	2-异丙氧基乙醇	25 ppm	—	Skin	104.15
Isopropyl acetate[108-21-4]	乙酸异丙酯	100 ppm	200 ppm	—	102.13
Isopropylamine[75-31-0]	异丙胺	5 ppm	10 ppm	—	59.08
N-Isopropylaniline[768-52-5]	N-异丙基苯胺	2 ppm	—	Skin；BEI$_M$	135.21
Isopropyl ether[108-20-3]	异丙醚	250 ppm	310 ppm	—	102.17
Isopropyl glycidyl ether（IGE）[4016-14-2]	异丙基缩水甘油醚	50 ppm	75 ppm	—	116.18
Kaolin[1332-58-7]	高岭土	2 mg/m^3 $^{(E，R)}$	—	A4	—
Kerosene [8008-20-6；64742-81-0]/ Jet fuels，as total hydrocarbon vapor	煤油/飞机燃料，按总烃蒸气计	200 mg/m^3 $^{(P)}$	—	Skin；A3	不定

物质名[CAS No.]	物质名称（中文）	TWA	STEL	符号	分子量
Ketene[463-51-4]	乙烯酮	0.5 ppm	1.5 ppm	—	42.04
Lead[7439-92-1] and inorganic compounds， as Pb	铅及无机化合物，按 Pb 计	0.05 mg/m³	—	A3；BEI	207.20，不定
Lead chromate[7758-97-6]， as Pb as Cr	铬酸铅，按 Pb 计 按 Cr 计	0.05 mg/m³ 0.012 mg/m³	—	A2；BEI A2	323.22
Lindane[58-89-9]	林丹	0.5 mg/m³	—	Skin；A3	290.85
Lithium hydride[7580-67-8]	氢化锂	0.025 mg/m³	—	—	7.95
L. P. G（Liquefied petroleum gas）[68476-85-7]	液化石油气	见脂肪烃气体：烷烃[C_1—C_4]			
Magnesium oxide [1309-48-4]	氧化镁	10 mg/m³ (I)	—	A4	40.32
Malathion[121-75-5]	马拉硫磷	1 mg/m³ (IFV)	—	Skin；A4；BEI_A	330.36
Maleic anhydride[108-31-6]	马来酸酐	（0.1 ppm）	—	SEN；A4	98.06
（Manganese[7439-96-5] elemental and inorganic compounds，as Mn）	锰元素及其无机化合物，按 Mn 计	（0.2 mg/m³）	—	（—）	54.94，不定
Manganese cyclopentadienyl tricarbonyl [12079-65-1]，as Mn	环戊二烯三羰基锰，按 Mn 计	0.1 mg/m³	—	Skin	204.10
Mercury[7439-97-6]，as Hg	汞，按 Hg 计	—			200.59
Alkyl compounds	烷基化合物	0.01 mg/m³	0.03 mg/m³	Skin	不定
Aryl compounds	芳香基化合物	0.1 mg/m³	—	Skin	不定
Elemental and inorganic forms	金属及无机形态	0.025 mg/m³	—	Skin；A4；BEI	不定
Mesityl oxide[141-79-7]	异亚丙基丙酮	15 ppm	25 ppm	—	98.14
Methacrylic acid[79-41-4]	甲基丙烯酸	20 ppm	—	—	86.09
Methane[74-82-8]	甲烷	见脂肪烃气体：烷烃[C_1—C_4]			
Methanol[67-56-1]	甲醇	200 ppm	250 ppm	Skin；BEI	32.04
Methomyl[16752-77-5]	灭多虫	2.5 mg/m³	—	A4；BEI_A	162.20
Methoxychlor[72-43-5]	甲氧氯	10 mg/m³	—	A4	345.65
2-Methoxyethanol（EGME）[109-86-4]	2-甲氧基乙醇	0.1 ppm	—	Skin	76.09
2-Methoxyethyl acetate（EGMEA）[110-49-6]	乙酸 2-甲氧基乙酯	0.1 ppm	—	Skin	118.13
（2-Methoxymethylethoxy）propanol（DPGME）[34590-94-8]	2-甲氧基甲乙氧基丙醇	100 ppm	150 ppm	Skin	148.20
4-Methoxyphenol[150-76-5]	4-甲氧基苯酚	5 mg/m³	—	—	124.15
1-Methoxy-2-propanol（PGME）[107-98-2]	1-甲氧基-2-丙醇	100 ppm	150 ppm	—	90.12
Methyl acetate[79-20-9]	乙酸甲酯	200 ppm	250 ppm	—	74.08
Methyl acetylene[74-99-7]	丙炔	1 000 ppm	—	—	40.07
Methyl acetylene-propadiene mixture（MAPP）[59355-75-8]	丙炔-丙二烯	1 000 ppm	1 250 ppm	—	40.07

物质名[CAS No.]	物质名称（中文）	TWA	STEL	符号	分子量
Methyl acrylate[96-33-3]	丙烯酸甲酯	2 ppm	—	Skin；SEN；A4	86.09
Methylacrylonitrile[126-98-7]	甲基丙烯腈	1 ppm	—	Skin	67.09
Methylal[109-87-5]	二甲氧基甲烷，甲缩醛	1 000 ppm	—	—	76.10
Methylamine[74-89-5]	甲胺	5 ppm	15 ppm	—	31.06
Methyl n-amyl ketone[110-43-0]	甲基正戊基甲酮	50 ppm	—	—	114.18
N-Methyl aniline[100-61-8]	N-甲基苯胺	0.5 ppm	—	Skin；BEI_M	107.15
Methyl bromide[74-83-9]	溴甲烷	1 ppm	—	Skin；A4	94.95
Methyl tert-butyl ether（MTBE）[1634-04-4]	甲基叔丁基醚	50 ppm	—	A3	88.17
Methyl n-butyl ketone[591-78-6]	甲基正丁基甲酮	5 ppm	10 ppm	Skin；BEI	100.16
Methyl chloride [74-87-3]	氯甲烷	50 ppm	100 ppm	Skin；A4	50.49
Methyl chloroform[71-55-6]	甲基氯仿	350 ppm	450 ppm	A4；BEI	133.42
Methyl 2-cyanoacrylate[137-05-3]	2-氰基丙烯酸甲酯	0.2 ppm	—	—	111.10
Methylcyclohexane[108-87-2]	甲基环己烷	400 ppm	—	—	98.19
Methylcyclohexanol[25639-42-3]	甲基环己醇	50 ppm	—	—	114.19
o-Methylcyclohexanone[583-60-8]	邻甲基环己酮	50 ppm	75 ppm	Skin	112.17
2-Methylcyclopentadienyl manganese tricarbonyl [12108-13-3]，as Mn	2-甲基环戊二烯基三羰基锰，按 Mn 计	0.2 mg/m^3	—	Skin	218.10
Methyl demeton [8022-00-2]	甲基内吸磷	0.05 mg/m$^{3(IFV)}$	—	Skin；BEI_A	230.30
Methylene bisphenyl isocyanate（MDI）[101-68-8]	二苯甲烷异氰酸酯	0.005 ppm	—	—	250.26
4,4'-Methylene bis（2-chloroaniline）[MBOCA；MOCA][101-14-4]	4,4'-亚甲基双（2-氯苯胺）	0.01 ppm	—	Skin；A2；BEI	267.17
Methylene bis（4-cyclohexylisocyanate）[5124-30-1]	亚甲基双（4-环己基异氰酸酯）	0.005 ppm	—	—	262.35
4,4'- Methylene dianiline[101-77-9]	4,4'-二苯氨基甲烷	0.1 ppm	—	Skin；A3	198.26
Methyl ethyl ketone（MEK）[78-93-3]	甲基乙基甲酮	200 ppm	300 ppm	BEI	72.10
Methyl ethyl ketone peroxide[1338-23-4]	过氧化甲乙酮	—	C 0.2 ppm	—	176.24
Methyl formate[107-31-3]	甲酸甲酯	100 ppm	150 ppm	—	60.05
Methyl hydrazine[60-34-4]	甲基肼	0.01 ppm	—	Skin；A3	46.07
Methyl iodide[74-88-4]	碘甲烷	2 ppm	—	Skin	141.95
Methyl isoamyl ketone[110-12-3]	甲基异戊基甲酮	50 ppm	—	—	114.20
Methyl isobutyl carbinol[108-11-2]	甲基异丁基甲醇	25 ppm	40 ppm	Skin	102.18

物质名[CAS No.]	物质名称（中文）	TWA	STEL	符号	分子量
Methyl isobutyl ketone[108-10-1]	甲基异丁基甲酮	20 ppm	75 ppm	A3；BEI	100.16
Methyl isocyanate[624-83-9]	异氰酸甲酯	0.02 ppm	—	Skin	57.05
Methyl isopropyl ketone[563-80-4]	甲基异丙基甲酮	（200 ppm）	—	—	86.14
Methyl mercaptan[74-93-1]	甲硫醇	0.5 ppm	—	—	48.11
Methyl methacrylate[80-62-6]	甲基丙烯酸甲酯	50 ppm	100 ppm	SEN；A4	100.13
1-Methyl naphthalene[90-12-0] and 2-Methyl naphthalene[91-57-6]	1-甲基萘和2-甲基萘	0.5 ppm	—	Skin；A4	142.2
Methyl parathion[298-00-0]	甲基对硫磷	0.02 mg/m$^{3(IFV)}$	—	Skin；A4；BEI$_A$	263.2
Methyl propyl ketone[107-87-9]	甲基丙基甲酮	—	150 ppm	—	86.17
Methyl silicate[681-84-5]	硅酸甲酯	1 ppm	—	—	152.22
α-Methyl styrene[98-83-9]	α-甲基苯乙烯	10 ppm	—	A3	118.18
Methyl vinyl ketone[78-94-4]	丁烯酮	—	C 0.2 ppm	Skin；SEN	70.10
Metribuzin[21087-64-9]	嗪草酮	5 mg/m^3	—	A4	214.28
Mevinphos[7786-34-7]	速灭磷	0.01 mg/m$^{3(IFV)}$	—	Skin；A4；BEI$_A$	224.16
Mica[12001-26-2]	云母	3 mg/m$^{3(R)}$	—	—	—
Mineral oil[8012-95-1]，excluding metal working fluids Pure highly and severely refined Poorly and mildly refined	石油；不包括金属加工用油 精制 粗制	5 mg/m^3 —（L）	— —	A4 A2	338.69 — —
Molybdenum[7439-98-7]，as Mo Soluble compounds Metal and insoluble compounds	钼，按 Mo 计 可溶性化合物 金属 不可溶性化合物	0.5 mg/m$^{3(R)}$ 10 mg/m$^{3(I)}$ 3 mg/m$^{3(R)}$	— — —	A3 — —	95.95 — —
Monochloroacetic acid [79-11-8]	氯乙酸	0.5 ppm$^{(IFV)}$	—	Skin；A4	94.5
Monocrotophos[6923-22-4]	久效磷	0.05 mg/m$^{3(IFV)}$	—	Skin；A4；BEI$_A$	223.16
Morpholine[110-91-8]	吗啉	20 ppm	—	Skin；A4	87.12
Naled[300-76-5]	二溴磷	0.1 mg/m$^{3(IFV)}$	—	Skin；SEN；A4；BEI$_A$	380.79
Naphthalene[91-20-3]	萘	10 ppm	15 ppm	Skin；A4	128.19
β-Naphthylamine[91-59-8]	β-萘胺	—（L）	—	A1	143.18
Natural gas[8006-14-2]	天然气	见脂肪烃气体：烷烃[C₁—C₄]			
Natural rubber latex[9006-04-6]，as Total proteins	天然橡胶胶乳，按总蛋白计	0.000 1 mg/m$^{3(I)}$	—	Skin；SEN	不定

物质名[CAS No.]	物质名称（中文）	TWA	STEL	符号	分子量
Neon[7440-01-9]	氖	单纯性窒息剂 (D)			20.18
Nickel，as Ni Elemental[7440-02-0] Soluble inorganic compounds（NOS） Insoluble inorganic compounds（NOS）	镍，按 Ni 计 元素镍 可溶性无机化合物 不可溶性无机化合物	1.5 mg/m³ (I) 0.1 mg/m³ (I) 0.2 mg/m³ (I)	— — —	A5 A4 A1	58.71， 不定 不定
Nickel subsulfide[12035-72-2]，as Ni	碱式硫化镍，按 Ni 计	0.1 mg/m³ (I)	—	A1	240.19
Nickel carbonyl[13463-39-3]，as Ni	羰基镍，按 Ni 计	0.05 ppm	—	—	170.73
Nicotine[54-11-5]	烟碱	0.5 mg/m³	—	Skin	162.23
Nitrapyrin[1929-82-4]	三氯甲基吡啶	10 mg/m³	20 mg/m³	A4	230.93
Nitric acid[7697-37-2]	硝酸	2 ppm	4 ppm	—	63.02
Nitric oxide[10102-43-9]	氧化氮	25 ppm	—	BEI$_M$	30.01
p-Nitroaniline[100-01-6]	对硝基苯胺	3 mg/m³	—	Skin；A4；BEI$_M$	138.12
Nitrobenzene[98-95-3]	硝基苯	1 ppm	—	Skin；A3；BEI	123.11
p-Nitrochlorobenzene[100-00-5]	对硝基氯苯	0.1 ppm	—	Skin；A3；BEI$_M$	157.56
4-Nitrodiphenyl[92-93-3]	4-硝基联苯	—（L）	—	Skin；A2	199.20
Nitroethane[79-24-3]	硝基乙烷	100 ppm	—	—	75.07
Nitrogen[7727-37-9]	氮	单纯性窒息剂 (D)			14.01
*Nitrogen dioxide[10102-44-0]	二氧化氮	0.2 ppm	—	A4	46.01
Nitrogen trifluoride[7783-54-2]	三氟化氮	10 ppm	—	BEI$_M$	71.00
Nitroglycerin（NG）[55-63-0]	硝化甘油	0.05 ppm	—	Skin	227.09
Nitromethane[75-52-5]	硝基甲烷	20 ppm	—	A3	61.04
1-Nitropropane[108-03-2]	1-硝基丙烷	25 ppm	—	A4	89.09
2-Nitropropane[79-46-9]	2-硝基丙烷	10 ppm	—	A3	89.09
N-Nitrosodimethylamine[62-75-9]	N-亚硝基二甲胺	—（L）	—	Skin；A3	74.08
Nitrotoluene，all isomers[88-72-2；99-08-1；99-99-0]	硝基甲苯，所有异构体	2 ppm	—	Skin；BEI$_M$	137.13
5-Nitro-o-toluidine[99-55-8]	5-硝基邻苯甲胺	1 mg/m³ (I)	—	A3	152.16
Nitrous oxide[10024-97-2]	氧化亚氮	50 ppm	—	A4	44.02
*Nonane[111-84-2]，all isomers	壬烷，所有异构体	200 ppm	—	—	128.26
Octachloronaphthalene[2234-13-1]	八氯萘	0.1 mg/m³	0.3 mg/m³	Skin	403.74
Octane，all isomers[111-65-9]	辛烷，所有异构体	300 ppm	—	—	114.22
Osmium tetroxide[20816-12-0]	四氧化锇	0.000 2 ppm	0.000 6 ppm	—	254.20
Oxalic acid[144-62-7]	草酸	1 mg/m³	2 mg/m³	—	90.04
Oxygen difluoride[7783-41-7]	二氟化氧	—	C 0.05 ppm	—	54.00
Ozone[10028-15-6]	臭氧				48.00
Heavy work	重体力工作	0.05 ppm	—	A4	—

物质名[CAS No.]	物质名称（中文）	TWA	STEL	符号	分子量
Moderate work	中等体力工作	0.08 ppm	—	A4	—
Light work	轻体力工作	0.10 ppm	—	A4	—
Heavy，moderate，or light workloads（≤2hours）	重、中、轻度体力负荷（≤2 h）	0.20 ppm	—	A4	—
Particles（Insoluble or Poorly Soluble）not Otherwise Specified	非特指的颗粒物（不溶的或难溶的）	参见附录：非特指的颗粒物（不溶的或难溶的，PNOS）			
Paraffin wax fume[8002-74-2]	石蜡烟	2 mg/m³			
Paraquat[4685-14-7]	百草枯	0.5 mg/m³ 0.1 mg/m³ ⁽ᴿ⁾	— —	— —	257.18
Parathion[56-38-2]	对硫磷	0.05 mg/m³⁽ᴵᶠⱽ⁾	—	Skin；A4；BEI	291.27
Pentaborane[19624-22-7]	戊硼烷	0.005 ppm	0.015 ppm	—	63.17
Pentachloronaphthalene[1321-64-8]	五氯萘	0.5 mg/m³	—	Skin	300.40
Pentachloronitrobenzene[82-68-8]	五氯硝基苯	0.5 mg/m³	—	A4	295.36
Pentachlorophenol[87-86-5]	五氯酚	0.5 mg/m³	—	Skin；A3；BEI	266.35
Pentaerythritol[115-77-5]	季戊四醇	10 mg/m³	—	—	136.15
Pentane，all isomers[78-78-4；109-66-0；463-82-1]	戊烷，所有异构体	600 ppm	—	—	72.15
Pentyl acetate，all isomers[628-63-7；626-38-0；123-92-2；625-16-1；624-41-9；620-11-1]	乙酸戊酯，所有异构体	50 ppm	100 ppm	—	130.20
Perchloromethyl mercaptan[594-42-3]	全氯甲硫醇	0.1 ppm	—	—	185.87
Perchloryl fluoride[7616-94-6]	氟化过氯氧	3 ppm	6 ppm	—	102.46
Perfluorobutyl ethylene[19430-93-4]	全氟丁基乙烯	100 ppm	—	—	246.1
Perfluoroisobutylene[382-21-8]	全氟异丁烯	—	C 0.01 ppm	—	200.04
Persulfates，as persulfate	过硫酸盐，以过硫酸盐计	0.1 mg/m³	—	—	不定
Phenol[108-95-2]	苯酚	5 ppm	—	Skin；A4；BEI	94.11
Phenothiazine[92-84-2]	吩噻嗪	5 mg/m³	—	Skin	199.26
N-Phenyl-beta-naphthylamine[135-88-6]	N-苯基-β-萘胺	—	—	A4	219.29
o-Phenylenediamine[95-54-5]	邻苯二胺	0.1 mg/m³	—	A3	108.05
m-Phenylenediamine[108-45-2]	间苯二胺	0.1 mg/m³	—	A4	108.05
p-Phenylenediamine[106-50-3]	对苯二胺	0.1 mg/m³	—	A4	108.05
Phenyl ether[101-84-8]，vapor	苯基醚，蒸气	1 ppm	2 ppm	—	170.20
Phenyl glycidyl ether（PGE）[122-60-1]	苯基缩水甘油醚	0.1 mg/m³	—	Skin；SEN；A3	150.17
Phenylhydrazine[100-63-0]	苯肼	0.1 ppm	—	Skin；A3	108.14
Phenyl mercaptan[108-98-5]	苯硫醇	0.1 ppm	—	Skin	110.18
Phenylphosphine[638-21-1]	苯膦	—	C 0.05 ppm	—	110.10

物质名[CAS No.]	物质名称（中文）	TWA	STEL	符号	分子量
Phorate[298-02-2]	甲拌磷	0.05 mg/m³ (IFV)	—	Skin；A4；BEI_A	260.40
Phosgene[75-44-5]	碳酰氯，光气	0.1 ppm	—	—	98.92
Phosphine[7803-51-2]	磷化氢	0.3 ppm	1 ppm	—	34.00
Phosphoric acid[7664-38-2]	磷酸	1 mg/m³	3 mg/m³	—	98.00
Phosphorus（yellow）[12185-10-3]	黄磷	0.1 mg/m³	—	—	123.92
Phosphorus oxychloride[10025-87-3]	三氯氧磷	0.1 ppm		—	153.35
Phosphorus pentachloride [10026-13-8]	五氯化磷	0.1 ppm		—	208.24
Phosphorus pentasulfide[1314-80-3]	五硫化二磷	1 mg/m³	3 mg/m³	—	222.29
Phosphorus trichloride[7719-12-2]	三氯化磷	0.2 ppm	0.5 ppm	—	137.35
Phthalic anhydride[85-44-9]	邻苯二甲酸酐	1 ppm	—	SEN；A4	148.11
m-Phthalodinitrile[626-17-5]	间苯二甲腈	5 mg/m³ (IFV)	—	—	128.14
Picloram[1918-02-1]	毒莠定	10 mg/m³	—	A4	241.48
Picric acid[88-89-1]	苦味酸	0.1 mg/m³	—	—	229.11
Pindone[83-26-1]	杀鼠酮	0.1 mg/m³	—	—	230.25
*Piperazine and salts [110-85-0]，as piperazine	哌嗪二盐酸盐	（5 mg/m³）	（—）	（—）	159.05
Platinum[7440-06-4]Metal Soluble salts，as Pt	铂金属 可溶性盐，按 Pt 计	1 mg/m³ 0.002 mg/m³	— —	— —	195.09 不定
Polyvinyl chloride（PVC）[9002-86-2]	聚氯乙烯	1 mg/m³ (R)	—	A4	64.51
Portland cement[65997-15-1]	硅酸盐水泥	1 mg/m³ (E，R)	—	A4	—
Potassium hydroxide[1310-58-3]	氢氧化钾	—	C 2 mg/m³	—	56.10
Propane[74-98-6]	丙烷	见脂肪烃气体：烷烃[C₁—C₄]			
Propane sultone[1120-71-4]	丙烷磺内酯	—（L）	—	A3	122.14
n-Propanol（n-Propyl alcohol）[71-23-8]	正丙醇	100 ppm	—	A4	60.09
2-Propanol [67-63-0]	2-丙醇	200 ppm	400 ppm	A4	60.09
Propargyl alcohol[107-19-7]	炔丙醇	1 ppm	—	Skin	56.06
β-Propiolactone[57-57-8]	β-丙醇酸内酯	0.5 ppm	—	A3	72.06
Propionaldehyde[123-38-6]	丙醛	20 ppm	—	—	58.1
Propionic acid[79-09-4]	丙酸	10 ppm	—	—	74.08
Propoxur[114-26-1]	残杀威	0.5 mg/m³	—	A3；BEI_A	209.24
n-Propyl acetate[109-60-4]	乙酸正丙酯	200 ppm	250 ppm	—	102.13
Propylene [115-07-1]	丙烯	500 ppm	—	A4	42.08
Propylene dichloride[78-87-5]	二氯丙烷	10 ppm	—	SEN；A4	112.99
Propylene glycol dinitrate[6423-43-4]	丙二醇二硝酸酯	0.05 ppm		Skin；BEI_M	166.09
Propylene oxide[75-56-9]	环氧丙烷	2 ppm	—	SEN；A3	58.08
Propylenimine[75-55-8]	丙烯亚胺	0.2 ppm	0.4 ppm	Skin；A3	57.09

物质名[CAS No.]	物质名称（中文）	TWA	STEL	符号	分子量
n-Propyl nitrate[627-13-4]	硝酸正丙酯	25 ppm	40 ppm	BEI$_M$	105.09
Pyrethrum[8003-34-7]	除虫菊	5 mg/m^3	—	A4	328.45
Pyridine[110-86-1]	吡啶	1 ppm	—	A3	79.10
Quinone[106-51-4]	苯醌	0.1 ppm	—	—	108.09
Resorcinol[108-46-3]	间苯二酚	10 ppm	20 ppm	A4	110.11
Rhodium[7440-16-6]，as Rh Metal and Insoluble compounds Soluble compounds	铑，按 Rh 计 金属和不溶性化合物 可溶性化合物	1 mg/m^3 0.01 mg/m^3	— —	A4 A4	102.91， 不定， 不定
Ronnel [299-84-3]	皮蝇磷	5 mg/m^3 (IFV)	—	A4；BEI$_A$	321.57
Rosin core solder thermal decomposition products（colophony）[8050-09-7]	松香焊接剂的热分解产物	—（L）	—	SEN	不定
Rotenone（commercial） [83-79-4]	鱼藤酮（商品）	5 mg/m^3	—	A4	391.41
Selenium[7782-49-2] and compounds，as Se	硒及其化合物，以硒计	0.2 mg/m^3	—	—	78.96，不定
Selenium hexafluoride[7783-79-1]	六氟化硒，以硒计	0.05 ppm	—	—	192.95
Sesone[136-78-7]	除草剂	10 mg/m^3	—	A4	309.13
Silica，Crystalline-α- Quartz [14808-60-7；1317-95-9]and Cristobalite[14464-46-1]	二氧化硅，结晶型-α-英和方石英	0.025 mg/m^3 (R)	—	A2	138.184 — 138.184
Silicon carbide[409-21-2] Nonfibrous Fibrous（including whiskers）	碳化硅 非纤维状的 纤维状的（包括针状单晶）	10 mg/m^3 (I、E) 3 mg/m^3 (R、E) 0.1 f/cc (F)	— — —	— — A2	40.10
Silicon tetrahydride[7803-62-5]	四氢化硅	5 ppm	—	—	32.12
Silver[7440-22-4]， Metal，dust and fume Soluble compounds，as Ag	银 金属，粉尘和烟 可溶性化合物，按 Ag 计	0.1 mg/m^3 0.01 mg/m^3	— —	— —	107.87， 不定
（Soapstone）	皂石	(6 mg/m^3 (E)) (3 mg/m^3 (E、R))	(—) (—)	(—) (—)	—
Sodium azide[26628-22-8] as Sodium azide as Hydrazoic acid vapor	叠氮化钠 按叠氮化钠计 按叠氮酸蒸气计	— —	C 0.29 mg/m^3 C 0.11 ppm	A4 A4	65.02
Sodium bisulfite[7631-90-5]	亚硫酸氢钠	5 mg/m^3	—	A4	104.07
Sodium fluoroacetate[62-74-8]	氟乙酸钠	0.05 mg/m^3	—	Skin	100.02
Sodium hydroxide[1310-73-2]	氢氧化钠	—	C 2 mg/m^3	—	40.01
Sodium metabisulfite[7681-57-4]	偏亚硫酸氢钠	5 mg/m^3	—	A4	190.13
Starch[9005-25-8]	淀粉	10 mg/m^3	—	A4	—

物质名[CAS No.]	物质名称（中文）	TWA	STEL	符号	分子量
Stearates [J]	硬脂酸盐	10 mg/m³	—	A4	不定
stoddard solvent[8052-41-3]	洗毛织品用汽油类溶剂	100 ppm	—	—	223.11
Strontium chromate[7789-06-2]，as Cr	铬酸锶，按 Cr 计	0.000 5 mg/m³	—	A2	203.61
Strychnine[57-24-9]	士的宁，马钱子碱	0.15 mg/m³	—	—	334.40
Styrene，monomer[100-42-5]	苯乙烯	20 ppm	40 ppm	A4；BEI	104.16
Subtilisins[1395-21-7；9014-01-1]，as 100% crystalline active pure enzyme	枯草杆菌蛋白酶，按 100%纯结晶状活性酶计	—	C 0.000 06 mg/m³	—	—
Sucrose[57-50-1]	蔗糖	10 mg/m³	—	A4	342.30
Sulfometuron methyl[74222-97-2]	甲嘧磺隆	5 mg/m³	—	A4	364.38
Sulfotepp（TEDP）[3689-24-5]	治螟磷	0.1 mg/m³ (IFV)	—	Skin；A4；BEI$_A$	322.30
Sulfur dioxide[7446-09-5]	二氧化硫	—	0.25 ppm	A4	64.07
Sulfuryl hexafluoride[2551-62-4]	六氟化硫	1 000 ppm	—	—	146.07
Sulfuric acid[7664-93-9]	硫酸	0.2 mg/m³ (T)	—	A2 (M)	98.08
Sulfur monochloride[10025-67-9]	一氯化硫	—	C 1 ppm	—	135.03
Sulfur pentafluoride[5714-22-7]	五氟化硫	—	C 0.01 ppm	—	254.11
Sulfur tetrafluoride[7783-60-0]	四氟化硫	—	C 0.1 ppm	—	108.07
Sulfur fluoride[2699-79-8]	硫酰氟	5 ppm	10 ppm	—	102.07
Sulprofos [35400-43-2]	硫丙磷	0.1 mg/m³ (IFV)	—	Skin；A4；BEI$_A$	322.43
Synthetic Vitreous Fibers	合成玻璃纤维				
Continuous filament glass fibers	长丝玻璃纤维	1 f/cc (F)	—	A4	—
Continuous filament glass fibers	长丝玻璃纤维	5 mg/m³ (I)	—	A4	—
Glass wool fibers	玻璃棉纤维	1 f/cc (F)	—	A3	—
Rock wool fibers	岩棉纤维	1 f/cc (F)	—	A3	—
Slag wool fibers	矿渣棉粉尘	1 f/cc (F)	—	A3	—
Special purpose glass fibers	特殊用途玻璃纤维	1 f/cc (F)	—	A3	—
Refractory ceramic fibers	难熔陶瓷纤维	0.2 f/cc (F)	—	A2	—
2,4,5-T[93-76-5]	2,4,5-涕	10 mg/m³	—	A4	255.49
Talc [14807-96-6]	滑石	2 mg/m³ (E, R)	—	A4	—
Containing no asbestos fibers	不含石棉纤维				
Containing asbestos fibers	含石棉纤维	用石棉的 TLV (K)	—	A1	—
Tellurium[13494-80-9]and compounds（NOS），as Te，excluding hydrogen telluride	碲及其化合物，按 Te 计，除碲化氢	0.1 mg/m³	—	—	127.60，不定
Tellurium hexafluoride[7783-80-4]	六氟化碲，按 Te 计	0.02 ppm	—	—	241.59
Temephos [3383-96-8]	双硫磷	1 mg/m³ (IFV)	—	Skin；A4；BEI$_A$	466.46

物质名[CAS No.]	物质名称（中文）	TWA	STEL	符号	分子量
Terbufos [13071-79-9]	特丁硫磷	0.01 mg/m³ (IFV)	—	Skin; A4; BEI$_A$	288.45
Terephthalic acid[100-21-0]	对苯二甲酸	10 mg/m³	—	—	166.13
Terphenyls [26140-60-3]	三联苯	—	C 5 mg/m³	—	230.31
1,1,2,2-Tetrabromoethane [79-27-6]	1,1,2,2-四溴乙烷	0.1 ppm (IFV)	—	—	345.70
1,1,1-Tetrachloro-2,2-difluoroethane [76-11-9]	1,1,1-四氯-2,2-二氟乙烷	100 ppm	—	—	203.83
1,1,2,2-Tetrachloro-1,2-difluoroethane [76-12-0]	1,1,2,2-四氯-1,2 二-氟乙烷	50 ppm	—	—	203.83
1,1,2,2-Tetrachloroethane [79-34-5]	1,1,2,2-四氯乙烷	1 ppm	—	Skin; A3	167.86
Tetrachloroethylene[127-18-4] （Perchloroethylene）	四氯乙烯	25 ppm	100 ppm	A3; BEI	165.80
Tetrachloronaphthalene [1335-88-2]	四氯萘	2 mg/m³	—	—	265.96
Tetraethyl lead[78-00-2]，as Pb	四乙基铅，按 Pb 计	0.1 mg/m³	—	Skin; A4	323.45
Tetraethyl pyrophosphate （TEPP） [107-49-3]	特普	0.01 mg/m³ (IFV)	—	Skin; BEI$_A$	290.20
Tetrafluoroethylene [116-14-3]	四氟乙烯	2 ppm	—	A3	100.20
Tetrahydrofuran[109-99-9]	四氢呋喃	50 ppm	100 ppm	Skin; A3	72.10
Tetrakis （hydroxymethyl） phosphonium salts	四羟甲基磷盐				
Tetrakis （hydroxymethyl） phosphonium chloride [124-64-1]	氯化四羟甲基	2 mg/m³	—	A4	190.56
Tetrakis （hydroxymethyl） phosphonium sulfate [55566-30-8]	四羟甲基磷硫酸盐	2 mg/m³	—	SEN; A4	406.26
Tetramethyl lead[75-74-1]，as Pb	四甲基铅，按 Pb 计	0.15 mg/m³	—	Skin	267.33
Tetramethyl succinonitrile[3333-52-6]	四甲基琥珀腈	0.5 ppm	—	Skin	136.20
Tetranitromethane [509-14-8]	四硝基甲烷	0.005 ppm	—	A3	196.04
Tetryl [479-45-8]	特屈儿，三硝基苯甲硝胺	1.5 mg/m³	—	—	287.15
Thallium[7440-28-0] and compounds，as Tl	铊及其化合物，按 Tl 计	0.02 mg/m³ (I)	—	Skin	204.37, 不定
4,4′-Thiobis （6-tert-butyl-m-cresol） [96-69-5]	4,4′-硫代双(6-叔丁基间甲酚）	（10 mg/m³）	—	A4	358.52
Thioglycolic acid[68-11-1]	巯基乙酸	1 ppm	—	Skin	92.12
Thionyl chloride[7719-09-7]	亚硫酰氯	—	C 0.2 ppm	—	118.98
Thiram [137-26-8]	福美双，二硫化四甲基秋兰姆	0.05 mg/m³ (IFV)	—	SEN; A4	240.44

物质名[CAS No.]	物质名称（中文）	TWA	STEL	符号	分子量
Tin[7440-31-5]，and inorganic compounds，excluding Tin hydride，as Sn Metal Oxide & inorganic compounds	锡及其无机化合物，不包括氢化锡，按 Sn 计 金属锡 氧化物和无机化合物	 2 mg/m^3 2 mg/m^3	 — —	 — —	118.69，不定
Except tin hydride Organic compounds Tin[7440-31-5]，organic compounds，as Sn	除锡化氢锡的有机化合物，按 Sn 计	0.1 mg/m^3	0.2 mg/m^3	Skin；A4	不定
Titanium dioxide[13463-67-7]	二氧化钛	10 mg/m^3	—	A4	79.90
o-Tolidine [119-93-7]	邻联甲苯胺	—	—	Skin；A3	212.28
Toluene [108-88-3]	甲苯	20 ppm	—	A4；BEI	92.13
Toluene-2,4-or2,6-diisocyanate（or as a mixture）[584-84-9；91-08-7]	甲苯-2,4（或 2,6）-二异氰酸酯（或混合物）	（0.005 ppm）	（0.02）ppm	（ ）；SEN；（A4）	174.15
o-Toluidine [95-53-4]	邻甲苯胺	2 ppm	—	Skin；A3；BEI$_M$	107.15
m-Toluidine [108-44-1]	间甲苯胺	2 ppm	—	Skin；A4；BEI$_M$	107.15
p-Toluidine [106-49-0]	对甲苯胺	2 ppm	—	Skin；A3；BEI$_M$	107.15
Tributyl phosphate[126-73-8]	磷酸三丁酯	0.2 ppm	—	BEI$_A$	266.32
Trichloroacetic acid[76-03-9]	三氯乙酸	1 ppm	—	A3	163.39
1,2,4-Trichlorobenzene [120-82-1]	1,2,4-三氯苯	—	C 5 ppm	—	181.46
1,1,2-Trichloroethane [79-00-5]	1,1,2-三氯乙烷	10 ppm	—	Skin；A3	133.41
Trichloroethylene [79-01-6]	三氯乙烯	10 ppm	25 ppm	A2	131.40
Trichlorofluoromethane [75-69-4]	三氯氟甲烷	—	C 1 000 ppm	A4	137.38
Trichloronaphthalene [1321-65-9]	三氯萘	5 mg/m^3	—	Skin	231.51
1,2,3-Trichloropropane [96-18-4]	1,2,3-三氯丙烷	10 ppm	—	Skin；A3	147.43
1,1,2-Trichloro-1,2,2-trifluoroethane[76-13-1]	1,1,2-三氯-1,2,2-三氟乙烷	1 000 ppm	1 250 ppm	A4	187.40
Trichlorphon[52-68-6]	敌百虫	1 mg/m^3 [I]	—	A4；BEI$_A$	257.60
Triethanolamine [102-71-6]	三乙醇胺	5 mg/m^3	—	—	149.22
Triethylamine [121-44-8]	三乙胺	1 ppm	3 ppm	Skin；A4	101.19
Trifluorobromomethane [75-63-8]	三氟溴甲烷	1 000 ppm	—	—	148.92
1,3,5-Triglycidyl-s-triazinetrione [2451-62-9]	1,3,5-三缩水甘油基-s-三嗪三酮	0.05 mg/m^3	—	—	297.25
Trimellitic anhydride[552-30-7]	偏苯三酸酐	0.000 5 mg/m^3 (IFV)	0.002 mg/m^3 (IFV)	Skin；SEN	192.12
Trimethylamine [75-50-3]	三甲胺	5 ppm	15 ppm	—	59.11

物质名[CAS No.]	物质名称（中文）	TWA	STEL	符号	分子量
Trimethyl benzene（mixed isomers）[25551-13-7]	三甲基苯（混合的异构体）	25 ppm	—	—	120.19
Trimethyl phosphite[121-45-9]	亚磷酸三甲酯	2 ppm	—		124.08
2,4,6-Trinitrotoluene（TNT）[118-96-7]	2,4,6-三硝基甲苯（TNT）	0.1 mg/m³	—	Skin；BEI$_M$	227.13
Triorthocresyl phosphate[78-30-8]	磷酸三邻甲苯酯	0.1 mg/m³	—	Skin；A4；BEI$_A$	368.37
Triphenyl phosphate[115-86-6]	磷酸三苯酯	3 mg/m³	—	A4	326.28
Tungsten[7440-33-7]，as W Metal and Insoluble compounds Soluble compounds	钨，按 W 计 金属钨及不溶性化合物 可溶性化合物	 5 mg/m³ 1 mg/m³	— 10 mg/m³ 3 mg/m³	 — —	183.85 不定， 不定
Turpentine[8006-64-2]and selected Monoterpenes[80-56-8；127-91-3；13466-78-9]	松节油及选择的一萜类	20 ppm	—	SEN；A4	136.00
Uranium（natural）[7440-61-1] Soluble and insoluble compounds，as U	铀（天然）可溶性及不可溶性化合物，按 U 计	0.2 mg/m³	0.6 mg/m³	A1	238.03，不定
n-Valeraldehyde[110-62-3]	正戊醛	50 ppm	—	—	86.13
Vanadium pentoxide [1314-62-1]，as V	五氧化二钒（按 V 计）	0.05 mg/m³	—	A3	181.88
Vinyl acetate[108-05-4]	乙酸乙烯酯	10 ppm	15 ppm	A3	86.09
Vinyl bromide[593-60-2]	溴乙烯	0.5 ppm	—	A2	106.96
Vinyl chloride[75-01-4]	氯乙烯	1 ppm	—	A1	62.50
4-Vinyl cyclohexene[100-40-3]	4-乙烯基环己烯	0.1 ppm	—	A3	108.18
Vinyl cyclohexene dioxide[106-87-6]	二氧化环己烯乙烯	0.1 ppm	—	Skin；A3	140.18
Vinyl fluoride[75-02-5]	氟乙烯	1 ppm	—	A2	46.05
N-Vinyl-pyrrolidone[88-12-0]	N-乙烯基-2-吡咯酮	0.05 ppm	—	A3	111.16
Vinylidene chloride[75-35-4]	1,1-二氯乙烯	5 ppm	—	A4	96.95
Vinylidene fluoride[75-38-7]	1,1-二氟乙烯	500 ppm	—	A4	64.04
Vinyl toluene[25013-15-4]	乙烯基甲苯	50 ppm	100 ppm	A4	118.18
Warfarin[81-81-2]	杀鼠灵	0.1 mg/m³	—		308.32
Wood dust Western red cedar All other species Oak and beech Birch，mahogany，teak，walnut All other wood dusts	木尘 西方红松 其他树种 橡木和山毛榉 桦木、桃木、柚木和胡桃木 所有其他木尘	 0.5 mg/m³ ⑴ 1 mg/m³ ⑴ — — —	 — — — — —	 SEN；A4 A1 A2 A4	—
Xylene[1330-20-7]（o，m & p isomers）[95-47-6；108-38-3；106-42-3]	二甲苯（邻，间和对异构体）	100 ppm	150 ppm	A4；BEI	106.16

物质名[CAS No.]	物质名称（中文）	TWA	STEL	符号	分子量
m-Xylene α,α'-diamine[1477-55-0]	间二甲苯 α,α'-二胺	—	C 0.1 mg/m³	Skin	136.20
Xylidine（mixed isomers）[1300-73-8]	二甲苯胺（混合的异构体）	0.5 ppm ⁽ᴵᶠⱽ⁾	—	Skin；A3；BEI_M	121.18
Yttrium[7440-65-5] and compounds，as Y	钇及其化合物，按 Y 计	1 mg/m³	—	—	88.91
Zinc chloride fume[7646-85-7]	氯化锌烟	1 mg/m³	2 mg/m³	—	136.29
Zinc chromates [13530-65-9；11103-86-9；37300-23-5]，as Cr	铬酸锌，按 Cr 计	0.01 mg/m³		A1	不定
Zinc oxide[1314-13-2]	氧化锌	2 mg/m³ ⁽ᴿ⁾	10 mg/m³ ⁽ᴿ⁾	—	81.37
Zirconium[7440-67-7] and compounds，as Zr	锆及其化合物，按 Zr 计	5 mg/m³	10 mg/m³	A4	91.22

注：①*：2010 年采纳；C：上限值；A1：确定的人类致癌物；A2：可疑的人类致癌物；A3：确定的动物致癌物，但与人类的相关性未知；A4：不能分类为人类致癌物；A5：非明显的人类致癌物；SEN：表示已经有人类或动物资料证实可能引起致敏的物质；Skin：皮肤吸收；（ ）：其中已采纳的数值或符号在 NIC 上有修改；（D）：单纯性窒息剂；（E）：不含石棉和小于 1%结晶型二氧化硅的颗粒物；（L）：经所有途径的接触应小心控制在尽可能低的水平；（I）：可吸入性颗粒物；（IFV）：可吸入性颗粒物和蒸气；（R）：呼吸性颗粒物；（G）：按垂直淘析器、棉尘采样器测量，见 TLV 基准文件；（H）：仅气溶胶；（O）：使用不收集蒸气的方法的采样；NIC：预期变更公告；NIE：预期制定公告；BEI_A：见乙酰胆碱酯酶抑制剂的 BEI；BEI_M：见正铁血红蛋白诱导剂的 BEI；BEI_P：见多环芳烃的 BEI。

②表中 ppm 和 mg/m³ 的换算公式为：mg/m³=（ppm×物质相对分子质量)/22.45，国外习惯用 ppm 表示百万分之一。

③附录：非特指的颗粒物（不溶的或难溶的，PNOS）：

TLV 化学物质委员会的目标是给工作场所空气中接触的、有健康效应证据的所有物质建议 TLVs。当某种物质有大量证据时，则制定 TLV。因此，根据定义，本建议所列的物质是指那些数据很少的物质。现行的 PNOS 的 TLV 及其前身在过去一直误用于未被列出的颗粒物，而不是用于达到以下标准的颗粒物。这些建议适用于以下颗粒物：没有合适的 TLV；不溶或难溶于水的（或最好有数据证明不溶或难溶于肺的液体中）；具有低毒性［即无细胞毒性、遗传毒性或与肺组织的其他化学反应，而且无电离辐射、不引起免疫性致敏或不引起除肺炎或"肺过载"（lung overload）机制外的毒性效应］。

许多不溶的低毒颗粒物未制定 TLV。ACGIH 认为即使那些具生物惰性的、不溶的或难溶的颗粒物也有可能产生健康损害，并建议某种颗粒物在未制定 TLV 前，空气中呼吸性颗粒物浓度应低于 3 mg/m³，可吸入性颗粒物浓度应低于 10 mg/m³。

摘自：ACGIH2010 年工作场所化学物质阈限值名单（一）[Z]. 职业卫生与应急救援，2010，28（6）：289-292；
ACGIH2010 年工作场所化学物质阈限值名单（续 1）[Z]. 职业卫生与应急救援，2011，29（1）：8-11；
ACGIH2010 年工作场所化学物质阈限值名单（续 2）[Z]. 职业卫生与应急救援，2011，29（2）：64-67；
ACGIH2010 年工作场所化学物质阈限值名单（续 3）[Z]. 职业卫生与应急救援，2011，29（3）：121-124；
ACGIH2010 年工作场所化学物质阈限值名单（续 4）[Z]. 职业卫生与应急救援，2011，29（4）：176-179；
ACGIH2010 年工作场所化学物质阈限值名单（续完）[Z]. 职业卫生与应急救援，2011，21（6）：287-290。

附录 C　体积浓度和质量浓度换算公式

一、术语

（1）ppm 表示百万分之几，也称百万分比浓度，在气体污染物浓度中使用，表示一百万体积的空气中所含污染物的体积数。

（2）ppb 表示十亿分之几。1 ppm=1 000 ppb。

（3）标准状况（Standard Temperature and Pressure，STP，标准温度与标准压力），简称标况或 STP，是物理学与化学的理想状态之一。以 273 K 和 1 个标准大气压（约为101.325 kPa）为标准状况。

二、换算公式

体积浓度（ppm）换算为质量浓度（mg/m³）公式如下：

$$C = \frac{C_1 \times M}{22.4} \times \frac{273}{273 + T} \times \frac{P}{101\,325}$$

式中：C —— 换算为温度为 T、压力为 P 状态下的质量浓度；

C_1 —— 污染物体积浓度（以 ppm 表示）；

M —— 污染物分子量；

T —— 温度，℃；

P —— 压力，Pa。

附录 D 环境空气和厂界无组织废气污染物监测方法及检出限

环境空气和厂界无组织废气中污染物常用监测方法及检出限见附表 D-1。

附表 D-1 常见控制项目检测方法及检出限一览表

污染物	监测方法	检出限
一氧化碳	《空气质量 一氧化碳的测定 非分散红外法》（GB 9801）	0.3 mg/m³
二氧化硫	《环境空气 二氧化硫的测定 甲醛吸收-副玫瑰苯胺分光光》（HJ 482）	0.004 mg/m³
二氧化硫	《环境空气 二氧化硫的测定 四氯汞盐吸收-副玫瑰苯胺分光光度法》（HJ 483）	0.005 mg/m³
氮氧化物	《环境空气 氮氧化物（一氧化氮和二氧化氮）的测定 盐酸萘乙二胺分光光度法》（HJ 479）	0.003 mg/m³
二氧化氮	《环境空气 氮氧化物（一氧化氮和二氧化氮）的测定 盐酸萘乙二胺分光光度法》（HJ 479）	0.003 mg/m³
臭氧	《环境空气 臭氧的测定 靛蓝二磺酸钠分光光度法》（HJ 504）	0.010 mg/m³
臭氧	《环境空气 臭氧的测定 紫外光度法》（HJ 590）	0.003 mg/m³
氟化物	《环境空气 氟化物的测定 滤膜采样氟离子选择电极法》（HJ 480）	$9×10^{-4}$ mg/m³
氟化氢	《固定污染源废气 氟化氢的测定 离子色谱法（暂行）》（HJ 688）	0.03 mg/m³
硫酸盐（以 SO_4^{2-} 计）	《环境空气 颗粒物中水溶性阴离子（F^-、Cl^-、Br^-、NO_2^-、NO_3^-、PO_4^{3-}、SO_3^{2-}、SO_4^{2-}）的测定 离子色谱法》（HJ 799）	0.030 μg/m³
硫酸雾	《固定污染源废气 硫酸雾的测定 离子色谱法》（HJ 544）	$5×10^{-3}$ mg/m³
硫化氢	《空气质量 硫化氢、甲硫醇、甲硫醚和二甲二硫的测定 气相色谱》（GB/T 14678）	$2×10^{-4}$ mg/m³
硫化氢	亚甲基蓝分光光度法[《空气和废气监测分析方法》（第四版增补版）（国家环保总局）]	0.001 mg/m³
氨	《环境空气和废气 氨的测定 纳氏试剂分光光度法》（HJ 533）	0.01 mg/m³
氨	《环境空气 氨的测定 次氯酸钠-水杨酸分光光度法》（HJ 534）	0.004 mg/m³
氯气	《固定污染源排气中氯气的测定 甲基橙分光光度法》（HJ/T 30）	0.03 mg/m³
氯化氢	《固定污染源排气中氯化氢的测定 硫氰酸汞分光光度法》（HJ/T 27）	0.05 mg/m³
氯化氢	《环境空气和废气 氯化氢的测定 离子色谱法》（HJ 549）	0.02 mg/m³
PM₁₀	《环境空气 PM₁₀ 和 PM₂.₅ 的测定 重量法》（HJ 618）	0.010 mg/m³
PM₂.₅	《环境空气 PM₁₀ 和 PM₂.₅ 的测定 重量法》（HJ 618）	0.010 mg/m³
总悬浮颗粒物	《环境空气 总悬浮颗粒物的测定 重量法》（GB/T 15432）	0.001 mg/m³

污染物	监测方法	检出限
能见度	《地面气象观测规范 第3部分：气象能见度观测》（QX/T 47）	—
	《空气和废气监测分析方法》（第四版增补版）（国家环保总局）	—
铅及其化合物	《环境空气 铅的测定 火焰原子吸收分光光度法》（GB/T 15264）	5×10^{-4} mg/m³
	《空气和废气 颗粒物中铅等金属元素的测定 电感耦合等离子体质谱法》（HJ 657）	0.6 ng/m³
	《环境空气 铅的测定 石墨炉原子吸收分光光度法》（HJ 539）	0.009 μg/m³
汞及其化合物	《环境空气 汞的测定 巯基棉富集-冷原子荧光分光光度法（暂行）》（HJ 542）	6.6×10^{-6} mg/m³
砷及其化合物	《环境空气和废气 砷的测定 二乙基二硫代氨基甲酸银分光光度法》（HJ 540）	0.004 mg/m³
	《空气和废气 颗粒物中铅等金属元素的测定 电感耦合等离子体质谱法》（HJ 657）	0.7 ng/m³
镉及其化合物	《大气固定污染源 镉的测定 石墨炉原子吸收分光光度法》（HJ/T 64.2）	3×10^{-8} mg/m³
	《空气和废气 颗粒物中铅等金属元素的测定 电感耦合等离子体质谱法》（HJ 657）	0.03 ng/m³
铬及其化合物	《空气和废气 颗粒物中铅等金属元素的测定 电感耦合等离子体质谱法》（HJ 657）	1 ng/m³
铬（六价）	《环境空气 六价铬的测定 柱后衍生离子色谱法》（HJ 779）	0.005 ng/m³
	《空气和废气监测分析方法》（第四版增补版）（国家环保总局）	4×10^{-5} mg/m³
镍及其化合物	《大气固定污染源 镍的测定 石墨炉原子吸收分光光度法》（HJ/T63.2）	3×10^{-6} mg/m³
	《空气和废气 颗粒物中铅等金属元素的测定 电感耦合等离子体质谱法》（HJ 657）	0.5 ng/m³
锰及其化合物	《空气和废气 颗粒物中铅等金属元素的测定 电感耦合等离子体质谱法》（HJ 657）	0.3 ng/m³
钒	《空气和废气 颗粒物中铅等金属元素的测定 电感耦合等离子体质谱法》（HJ 657）	0.1 ng/m³
多环芳烃（以苯并[a]芘计）	《环境空气和废气 气相和颗粒物中 多环芳烃的测定 高效液相色谱法》（HJ 647）	0.05 ng/m³（荧光） 0.14 ng/m³（紫外）
苯并[a]芘	《环境空气 苯并[a]芘的测定 高效液相色谱法》（GB/T 15439）	6×10^{-8} mg/m³
	《环境空气和废气 气相和颗粒物中多环芳烃的测定 气相色谱-质谱法》（HJ 646）	0.000 9 μg/m³
	《环境空气和废气 气相和颗粒物中多环芳烃的测定 高效液相色谱法》（HJ 647）	0.05 ng/m³（荧光） 0.14 ng/m³（紫外）
氯乙烯	《固定污染源排气中氯乙烯的测定 气相色谱法》（HJ/T 34）	0.08 mg/m³
	《环境空气 挥发性有机物的测定 罐采样/气相色谱-质谱法》（HJ 759）	0.3 μg/m³
异丙苯	《环境空气 苯系物的测定 固体吸附/热脱附-气相色谱法》（HJ 583）	5.0×10^{-4} mg/m³
	《环境空气 苯系物的测定 活性炭吸附/二硫化碳解吸-气相色谱法》（HJ 584）	1.5×10^{-3} mg/m³
1,3-丁二烯	《环境空气 挥发性有机物的测定 罐采样/气相色谱-质谱法》（HJ 759）	0.3 μg/m³

污染物	监测方法	检出限
1,2-二氯乙烷	《环境空气　挥发性有机物的测定　吸附管采样-热脱附-气相色谱-质谱法》（HJ 644）	0.8 μg/m³
	《环境空气　挥发性有机物的测定　罐采样/气相色谱-质谱法》（HJ 759）	0.7 μg/m³
三氯乙烯	《环境空气　挥发性有机物的测定　吸附管采样-热脱附-气相色谱-质谱法》（HJ 644）	0.5 μg/m³
	《环境空气　挥发性卤代烃的测定　活性炭吸附-二硫化碳解吸/气相色谱》（HJ 645）	0.04 μg/m³
	《环境空气　挥发性有机物的测定　罐采样/气相色谱-质谱法》（HJ 759）	0.6 μg/m³
四氯乙烯	《环境空气　挥发性有机物的测定　罐采样/气相色谱-质谱法》（HJ 759）	1 μg/m³
二氯甲烷	《环境空气　挥发性有机物的测定　吸附管采样-热脱附-气相色谱-质谱法》（HJ 644）	1 μg/m³
	《环境空气　挥发性有机物的测定　罐采样/气相色谱-质谱法》（HJ 759）	0.5 μg/m³
1,2-二氯丙烷	《环境空气　挥发性有机物的测定　罐采样/气相色谱-质谱法》（HJ 759）	0.6 μg/m³
四氯化碳	《环境空气　挥发性有机物的测定　罐采样/气相色谱-质谱法》（HJ 759）	0.6 μg/m³
三氯甲烷（氯仿）	《环境空气　挥发性有机物的测定　吸附管采样-热脱附-气相色谱-质谱法》（HJ 644）	0.4 μg/m³
	《环境空气　挥发性有机物的测定　罐采样/气相色谱-质谱法》（HJ 759）	0.5 μg/m³
1,4-二氯苯	《固定污染源排气中氯苯类的测定　气相色谱法》（HJ/T 39）	0.03 mg/m³
	《大气固定污染源　氯苯类化合物的测定　气相色谱法》（HJ/T 66）	0.11 mg/m³
	《环境空气　挥发性有机物的测定　罐采样/气相色谱-质谱法》（HJ 759）	0.7 μg/m³
二溴乙烷	《环境空气　挥发性有机物的测定　罐采样/气相色谱-质谱法》（HJ 759）	2 μg/m³
氯苯	《固定污染源排气中氯苯类的测定　气相色谱法》（HJ/T 39）	0.02 mg/m³
	《大气固定污染源　氯苯类化合物的测定　气相色谱法》（HJ/T 66）	0.04 mg/m³
	《环境空气　挥发性有机物的测定　罐采样/气相色谱-质谱法》（HJ 759）	0.7 μg/m³
四氯乙烷	《环境空气　挥发性有机物的测定　罐采样/气相色谱-质谱法》（HJ 759）	1 μg/m³
1,2,4-三氯苯	《固定污染源排气中氯苯类的测定　气相色谱法》（HJ/T 39）	0.03 mg/m³
	《大气固定污染源　氯苯类化合物的测定　气相色谱法》（HJ/T 66）	0.36 mg/m³
	《环境空气　挥发性有机物的测定　罐采样/气相色谱-质谱法》（HJ 759）	1 μg/m³
1,2-二氯乙烯	《环境空气　挥发性有机物的测定　罐采样/气相色谱-质谱法》（HJ 759）	0.5 μg/m³（顺） 0.8 μg/m³（反）
二噁英	《环境空气和废气　二噁英类的测定　同位素稀释高分辨气相色谱-高分辨质谱法》（HJ 77.2）	2,3,7,8-T4CDD： 0.005 pg/m³

污染物	监测方法	检出限
甲醛	《环境空气 醛、酮类化合物测定 高效液相色谱法》（HJ 683）	0.28 μg/m³
乙醛	《环境空气 醛、酮类化合物测定 高效液相色谱法》（HJ 683）	0.43 μg/m³
丙烯醛	《环境空气 醛、酮类化合物测定 高效液相色谱法》（HJ 683）	0.47 μg/m³
	《环境空气 挥发性有机物的测定 罐采样/气相色谱-质谱法》（HJ 759）	0.5 μg/m³
丙酮	《环境空气 醛、酮类化合物测定 高效液相色谱法》（HJ 683）	0.47 μg/m³
	《环境空气 挥发性有机物的测定 罐采样/气相色谱-质谱法》（HJ 759）	0.7 μg/m³
二硫化碳	《环境空气 挥发性有机物的测定 罐采样/气相色谱-质谱法》（HJ 759）	0.4 μg/m³
	《空气质量 二硫化碳的测定 二乙胺分光光度法》（GB/T 14680）	0.03 mg/m³
甲基丙烯酸甲酯	《环境空气 挥发性有机物的测定 罐采样/气相色谱-质谱法》（HJ 759）	0.5 μg/m³
溴甲烷	《环境空气 挥发性有机物的测定 罐采样/气相色谱-质谱法》（HJ 759）	0.5 μg/m³
酚类	《固定污染源排气中酚类化合物的测定 4-氨基安替比林分光光度法》（HJ/T 32）	0.003 mg/m³
苯酚	《环境空气 酚类化合物测定 高效液相色谱法》（HJ 638）	0.009 mg/m³
邻甲酚	《环境空气 酚类化合物测定 高效液相色谱法》（HJ 638）	0.010 mg/m³
间甲酚	《环境空气 酚类化合物测定 高效液相色谱法》（HJ 638）	0.007 mg/m³
对甲酚	《环境空气 酚类化合物测定 高效液相色谱法》（HJ 638）	0.006 mg/m³
1,3-苯二酚	《环境空气 酚类化合物测定 高效液相色谱法》（HJ 638）	0.009 mg/m³
2,6-二甲基苯酚	《环境空气 酚类化合物测定 高效液相色谱法》（HJ 638）	0.013 mg/m³
4-氯苯酚	《环境空气 酚类化合物测定 高效液相色谱法》（HJ 638）	0.010 mg/m³
2-萘酚	《环境空气 酚类化合物测定 高效液相色谱法》（HJ 638）	0.002 mg/m³
1-萘酚	《环境空气 酚类化合物测定 高效液相色谱法》（HJ 638）	0.008 mg/m³
2,4,6-三硝基苯酚	《环境空气 酚类化合物测定 高效液相色谱法》（HJ 638）	0.007 mg/m³
2,4-二硝基苯酚	《环境空气 酚类化合物测定 高效液相色谱法》（HJ 638）	0.006 mg/m³
2,4-二氯苯酚	《环境空气 酚类化合物测定 高效液相色谱法》（HJ 638）	0.008 mg/m³
正己烷	《环境空气 挥发性有机物的测定 罐采样/气相色谱-质谱法》（HJ 759）	0.3 μg/m³
甲醇	《空气和废气监测分析方法》（第四版增补版）（国家环保总局）	0.1 mg/m³
萘	《环境空气和废气 气相和颗粒物中多环芳烃的测定 高效液相色谱法》（HJ 647）	0.26 ng/m³
	《环境空气 挥发性有机物的测定 罐采样/气相色谱-质谱法》（HJ 759）	0.7 μg/m³
非甲烷总烃	《固定污染源排气中非甲烷总烃的测定 气相色谱法》（HJ/T 38）	4×10⁻² mg/m³
环氧氯丙烷	《空气和废气监测分析方法》（第四版增补版）（国家环保总局）	0.1 mg/m³
降尘	《环境空气 降尘的测定 重量法》（GB/T 15265—94）	0.2 t/km²·30d
丙烯腈	《固定污染源排气中丙烯腈的测定 气相色谱法》（HJ/T 37—1999）	0.2 mg/m³
	《空气和废气监测分析方法》（第四版增补版）（国家环保总局）	0.05 mg/m³
异丙醇	《环境空气 挥发性有机物的测定 罐采样/气相色谱-质谱法》（HJ 759）	0.6 μg/m³

污染物	监测方法	检出限
光气	《固定污染源排气中光气的测定 苯胺紫外分光光度法》（HJ/T 31）	0.02 mg/m³
铬酸雾	《固定污染源排气中铬酸雾的测定 二苯碳酰二肼分光光度法》（HJ/T 29）	5×10⁻⁴ mg/m³
氰化氢	《固定污染源排气中氰化氢的测定 异烟酸-吡唑啉酮分光光度法》（HJ/T 28）	2×10⁻³ mg/m³
臭气浓度	《空气质量 恶臭的测定 三点比较式臭袋法》（GB/T 14675）	10（量纲一）
锑及其化合物	《空气和废气 颗粒物中铅等金属元素的测定 电感耦合等离子体质谱法》（HJ 657）	0.09 ng/m³
钴及其化合物	《空气和废气 颗粒物中铅等金属元素的测定 电感耦合等离子体质谱法》（HJ 657）	0.03 ng/m³
钼及其化合物	《空气和废气 颗粒物中铅等金属元素的测定 电感耦合等离子体质谱法》（HJ 657）	0.03 ng/m³
铊及其化合物	《空气和废气 颗粒物中铅等金属元素的测定 电感耦合等离子体质谱法》（HJ 657）	0.03 ng/m³
锡及其化合物	《大气固定污染源 锡的测定 石墨炉原子吸收分光光度法》（HJ/T 65）	3.0×10⁻³μg/m³
	《空气和废气 颗粒物中铅等金属元素的测定 电感耦合等离子体质谱法》（HJ 657）	1 ng/m³
铍及其化合物	《空气和废气 颗粒物中铅等金属元素的测定 电感耦合等离子体质谱法》（HJ 657）	0.03 ng/m³
氯甲烷	《环境空气 挥发性有机物的测定 罐采样/气相色谱-质谱法》（HJ 759）	0.3 μg/m³
1,1-二氯乙烷	《环境空气 挥发性有机物的测定 吸附管采样-热脱附-气相色谱-质谱法》（HJ 644）	0.4 μg/m³
	《环境空气 挥发性卤代烃的测定 活性炭吸附-二硫化碳解析/气相色谱法》（HJ 645）	9 μg/m³
	《环境空气 挥发性有机物的测定 罐采样/气相色谱-质谱法》（HJ 759）	0.7 μg/m³
苯	《环境空气 苯系物的测定 固体吸附/热脱附-气相色谱法》（HJ 583）	5.0×10⁻⁴ mg/m³
	《环境空气 苯系物的测定 活性炭吸附/二硫化碳解吸-气相色谱法》（HJ 584）	1.5×10⁻³ mg/m³
	《环境空气挥发性有机物的测定 吸附管采样-热脱附/气相色谱-质谱法》（HJ 644）	0.4 μg/m³
	《环境空气 挥发性有机物的测定 罐采样/气相色谱-质谱法》（HJ 759）	0.3 μg/m³
甲苯	《环境空气 苯系物的测定 固体吸附/热脱附-气相色谱法》（HJ 583）	5.0×10⁻⁴ mg/m³
	《环境空气 苯系物的测定 活性炭吸附/二硫化碳解吸-气相色谱法》（HJ 584）	1.5×10⁻³ mg/m³
	《环境空气挥发性有机物的测定 吸附管采样-热脱附/气相色谱-质谱法》（HJ 644）	0.4 μg/m³
	《环境空气 挥发性有机物的测定 罐采样/气相色谱-质谱法》（HJ 759）	0.5 μg/m³

污染物	监测方法	检出限
对二甲苯	《环境空气　苯系物的测定　固体吸附/热脱附-气相色谱法》（HJ 583）	5.0×10^{-4} mg/m³
	《环境空气　苯系物的测定　活性炭吸附/二硫化碳解吸-气相色谱法》（HJ 584）	1.5×10^{-3} mg/m³
	《环境空气挥发性有机物的测定　吸附管采样-热脱附/气相色谱-质谱法》（HJ 644）	0.6 μg/m³
	《环境空气　挥发性有机物的测定　罐采样/气相色谱-质谱法》（HJ 759）	0.6 μg/m³
间二甲苯	《环境空气　苯系物的测定　固体吸附/热脱附-气相色谱法》（HJ 583）	5.0×10^{-4} mg/m³
	《环境空气　苯系物的测定　活性炭吸附/二硫化碳解吸-气相色谱法》（HJ 584）	1.5×10^{-3} mg/m³
	《环境空气挥发性有机物的测定　吸附管采样-热脱附/气相色谱-质谱法》（HJ 644）	0.6 μg/m³
	《环境空气　挥发性有机物的测定　罐采样/气相色谱-质谱法》（HJ 759）	0.6 μg/m³
邻二甲苯	《环境空气　苯系物的测定　固体吸附/热脱附-气相色谱法》（HJ 583）	5.0×10^{-4} mg/m³
	《环境空气　苯系物的测定　活性炭吸附/二硫化碳解吸-气相色谱法》（HJ 584）	1.5×10^{-3} mg/m³
	《环境空气　挥发性有机物的测定　吸附管采样-热脱附/气相色谱-质谱法》（HJ 644）	0.6 μg/m³
	《环境空气　挥发性有机物的测定　罐采样/气相色谱-质谱法》（HJ 759）	0.6 μg/m³
1,3,5-三甲苯	《环境空气　挥发性有机物的测定　吸附管采样-热脱附/气相色谱-质谱法》（HJ 644）	0.7 μg/m³
	《环境空气　挥发性有机物的测定　罐采样/气相色谱-质谱法》（HJ 759）	1 μg/m³
1,2,4-三甲苯	《环境空气　挥发性有机物的测定　吸附管采样-热脱附/气相色谱-质谱法》（HJ 644）	0.8 μg/m³
	《环境空气　挥发性有机物的测定　罐采样/气相色谱-质谱法》（HJ 759）	0.7 μg/m³
苯乙烯	《环境空气　苯系物的测定　固体吸附/热脱附-气相色谱法》（HJ 583）	5.0×10^{-4} mg/m³
	《环境空气　苯系物的测定　活性炭吸附/二硫化碳解吸-气相色谱法》（HJ 584）	1.5×10^{-3} mg/m³
	《环境空气　挥发性有机物的测定　吸附管采样-热脱附/气相色谱-质谱法》（HJ 644）	0.6 μg/m³
	《环境空气　挥发性有机物的测定　罐采样/气相色谱-质谱法》（HJ 759）	0.6 μg/m³
乙酸乙酯	《环境空气　挥发性有机物的测定　罐采样/气相色谱-质谱法》（HJ 759）	0.6 μg/m³
乙酸乙烯酯	《环境空气　挥发性有机物的测定　罐采样/气相色谱-质谱法》（HJ 759）	0.5 μg/m³

污染物	监测方法	检出限
甲基异丁基酮（4-甲基-2-戊酮）	《环境空气 挥发性有机物的测定 罐采样/气相色谱-质谱法》（HJ 759）	0.6 μg/m³
硝基苯类	《空气质量 硝基苯类（一硝基和二硝基类化合物）的测定 锌还原-盐酸萘乙二胺分光光度法》（GB/T 15501）	6 mg/m³
硝基苯	《环境空气 硝基苯类化合物的测定 气相色谱法》（HJ 738）	0.001 mg/m³
	《环境空气 硝基苯类化合物的测定 气相色谱-质谱法》（HJ 739）	0.001 mg/m³
对-硝基甲苯	《环境空气 硝基苯类化合物的测定 气相色谱法》（HJ 738）	0.002 mg/m³
	《环境空气 硝基苯类化合物的测定 气相色谱-质谱法》（HJ 739）	0.001 mg/m³
间-硝基甲苯	《环境空气 硝基苯类化合物的测定 气相色谱法》（HJ 738）	0.002 mg/m³
	《环境空气 硝基苯类化合物的测定 气相色谱-质谱法》（HJ 739）	0.001 mg/m³
邻-硝基甲苯	《环境空气 硝基苯类化合物的测定 气相色谱法》（HJ 738）	0.002 mg/m³
	《环境空气 硝基苯类化合物的测定 气相色谱-质谱法》（HJ 739）	0.001 mg/m³
对-硝基氯苯	《环境空气 硝基苯类化合物的测定 气相色谱法》（HJ 738）	0.001 mg/m³
	《环境空气 硝基苯类化合物的测定 气相色谱-质谱法》（HJ 739）	0.001 mg/m³
间-硝基氯苯	《环境空气 硝基苯类化合物的测定 气相色谱法》（HJ 738）	0.001 mg/m³
	《环境空气 硝基苯类化合物的测定 气相色谱-质谱法》（HJ 739）	0.001 mg/m³
邻-硝基氯苯	《环境空气 硝基苯类化合物的测定 气相色谱法》（HJ 738）	0.001 mg/m³
	《环境空气 硝基苯类化合物的测定 气相色谱-质谱法》（HJ 739）	0.001 mg/m³
甲硫醇	《空气质量 硫化氢、甲硫醇、甲硫醚和二甲二硫的测定 分光光度法》（GB/T 14678）	0.000 5 mg/m³
	《环境空气 挥发性有机物的测定 罐采样/气相色谱-质谱法》（HJ 759）	0.3 μg/m³
甲硫醚	《空气质量 硫化氢、甲硫醇、甲硫醚和二甲二硫的测定 分光光度法》（GB/T 14678）	0.000 5 mg/m³
	《环境空气 挥发性有机物的测定 罐采样/气相色谱-质谱法》（HJ 759）	0.5 μg/m³
二甲二硫	《空气质量 硫化氢、甲硫醇、甲硫醚和二甲二硫的测定 分光光度法》（GB/T 14678）	0.000 5 mg/m³
	《环境空气 挥发性有机物的测定 罐采样/气相色谱-质谱法》（HJ 759）	0.6 μg/m³
三甲胺	《空气质量 三甲胺的测定 气相色谱法》（GB/T 14676）	0.002 5 mg/m³
苯胺类	《空气质量 苯胺类的测定 盐酸萘乙二胺分光光度法》（GB/T 15502）	0.5 mg/m³
苯胺	《大气固定污染源 苯胺类的测定 气相色谱法》（HJ/T 68）	0.05 mg/m³
N,N 二甲基苯胺	《大气固定污染源 苯胺类的测定 气相色谱法》（HJ/T 68）	0.05 mg/m³
2,5-二甲基苯胺	《大气固定污染源 苯胺类的测定 气相色谱法》（HJ/T 68）	0.08 mg/m³
o-硝基苯胺	《大气固定污染源 苯胺类的测定 气相色谱法》（HJ/T 68）	0.06 mg/m³
m-硝基苯胺	《大气固定污染源 苯胺类的测定 气相色谱法》（HJ/T 68）	0.08 mg/m³
p-硝基苯胺	《大气固定污染源 苯胺类的测定 气相色谱法》（HJ/T 68）	0.2 mg/m³

注：方法中检出限与采样体积和样品定容体积等密切相关，上述检出限为标准方法中推荐检出限，同一方法中，当采样体积、定容体积不同时，本书中只列出较低检出限值。

参考文献

[1] 李红，李雷，许伶红，等. 大气挥发性有机化合物环境基准研究进展与展望[J]. 生态毒理学报, 2015, 10（1）：40-57.

[2] 钱一晨，金晶. 典型国家和国际环境空气质量标准对比研究[J]. 能源研究与信息, 2013, 29（2）：67-73.

[3] 杨晓波，杨旭峰，李新. 国内外环境空气质量标准对比分析[J]. 环保科技, 2013, 19（5）：16-23.

[4] 周启星，罗义，祝凌燕. 环境基准值的科学研究与我国环境标准的修订[J]. 农业环境科学学报, 2007, 26（1）：1-5.

[5] 胡必彬. 欧盟关于环境空气中几项污染物质量标准修订方法[J]. 环境科学与管理, 2005, 30（3）：24-26.

[6] 郭隽. 通过 WHO 的空气质量准则看中国新颁布空气质量标准[J]. 资源节约与环保, 2013（12）.

[7] 陈振民，马慧敏，谢薇. 我国环境空气质量标准与 WHO 最新大气质量基准的比较[J]. 环境与健康杂志, 2008, 25（12）：1103.

[8] 董洁，李梦茹，孙若丹，等. 我国空气质量标准执行现状及与国外标准比较研究[J]. 环境与可持续发展, 2015（5）：87-92.

[9] 王宗爽，武婷，车飞，等. 中外环境空气质量标准比较[J]. 环境科学研究, 2010, 23（3）：253-260.

[10] 陈清光. 有害物质职业接触限值的发展历史和种类综述[J]. 职业卫生与应急救援, 2007, 25（6）：303-307.

[11] ACGIH2010 年工作场所化学物质阈限值名单（一）[Z]. 职业卫生与应急救援, 2010, 28（6）：289-292.

[12] ACGIH2010 年工作场所化学物质阈限值名单（续1）[Z]. 职业卫生与应急救援, 2011, 29（1）：8-11.

[13] ACGIH2010 年工作场所化学物质阈限值名单（续2）[Z]. 职业卫生与应急救援, 2011, 29（2）：64-67.

[14] ACGIH2010 年工作场所化学物质阈限值名单（续3）[Z]. 职业卫生与应急救援, 2011, 29（3）：121-124.

[15] ACGIH2010 年工作场所化学物质阈限值名单（续4）[Z]. 职业卫生与应急救援, 2011, 29（4）：176-179.

[16] ACGIH2010 年工作场所化学物质阈限值名单（续完）[Z]. 职业卫生与应急救援, 2011, 21（6）：287-290.

[17] 河北省环境保护厅. DB 13/1577—2012 环境空气质量 非甲烷总烃限值[S]. 2012.

[18] 环境保护部. GB 3095—2012 环境空气质量标准[S]. 北京：中国环境科学出版社, 2012.

[19] 环境保护部. HJ 2.2—2008 环境影响评价技术导则[S]. 北京：中国环境科学出版社, 2008.

[20] 环境保护部. HJ 582—2010 环境影响评价技术导则 农药建设项目[S]. 北京：中国环境科学出版社, 2010.

[21] 国家卫生部. GBZ 2.1—2007 工作场所有害因素职业接触限值 第1部分：化学有害因素[S]. 2007.

[22] 王宗爽，何俊. 环境空气质量标准 征求意见稿 编制说明[Z].

[23] 王作元, 王昕, 曹吉生, 等. 空气质量准则[M]. 北京: 人民卫生出版社, 2003.

[24] 吉林省图书馆. 国外环境标准选编[M]. 北京: 中国标准出版社, 1984.

[25] 邹克华, 武雪芳, 李伟芳, 等. 恶臭污染评估技术及环境基准[M]. 北京: 化学工业出版社, 2013.

[26] US EPA. National ambient air quality standards（NAAQS）[EB/OL]. https: //www. epa. gov/criteria-air-pollutants/naaqs-table[2016-06-01].

[27] Bay Area Air Quality Management District. Air Quality standards[EB/OL]. http: //www. baaqmd. gov/research-and-data/air-quality-standards-and-attainment-status[2016-06-01].

[28] Environmental quality standards in Japan: air quality[EB/OL]. http: //www. env. go. jp/en/air/aq/aq. html[2016-06-01].

[29] European Commission. Air Quality Standards[S/OL]. Belgium: European Commission. http: //ec. europa.eu/environment/air/quality/standards. htm[2016-06-01].

[30] World Health Organization. Air Quality Guidelines-global Update 2005[R]. Born: WHO Regional Office for Europe, 2005: 9-19.

[31] Air quality guidelines for Europe. 2nd ed. Copenhagen, WHO Regional Office for Europe, 2000（WHO Regional Publications, European Series, No. 91）.

[32] UK Department for Environment Food & Rural Affairs and the Devolved Administration.National air quality objectives[EB/OL]. https: //uk-air. defra. gov. uk/aqma/[2016-06-01].

[33] Alberta Ambient Air Quality Objectives and Guidelines Summary AEP, Air Policy[EB/OL]. http: //aep. alberta. ca/air/legislation/ambient-air-quality-objectives/documents/AAQO-Summary-Jun2016. pdf[2016-06-01].

[34] Australian Government, Department of the Environment. National Air quality standards[EB/OL]. http: //www.environment.gov.au/protection/publications/factsheet-national-standards-criteria-air-pollutants-australia [2016-06-01].

[35] New Zealand Resource Management（National Environmental Standards for Air Quality） Regulations 2014（SR 2004/309）[EB/OL]. http: //www. legislation. govt. nz/regulation/public/2004/0309/10. 0/whole. html[2016-06-01].

[36] New Zealand Ministry for the Environment and the Ministry of Health. Ambient Air Quality Guidelines 2002 update[EB/OL]. www. mfe. govt. nz[2016-06-01].

[37] The Korean Ministry Of Environment（MOE） Air Quality Standards[EB/OL]. http: //www. airkorea. or. kr/eng/information/airQualityStandards[2016-06-01].

[38] 香港特别行政区政府, 环境保护署. 香港空气质素指标[EB/OL]. http: //www. epd. gov. hk/epd/sc_chi/ environmentinhk/air/air_quality_objectives/air_quality_objectives. html[2016-06-01].

[39] Singapore National environmental agency. Air Quality and Targets[EB/OL]. http: //www. nea. gov. sg/anti-pollution-radiation-protection[2016-06-01].

[40] 台湾省环保署. 空气品质标准[Z]. http: //taqm. epa. gov. tw/taqm/tw/b0206. aspx.

[41] Israel Ministry of Environmental Protection. Clean Air（Air Quality Values） Regulations（Temporary Provision）, 5771-2011[EB/OL]. 2011. http: //www. sviva. gov. il/English/Legislation/Pages/Pollution AndNuisances. aspx.